Gustav Jäger

THEORETISCHE PHYSIK

Teil IV

Elibron Classics
www.elibron.com

Elibron Classics series.

ISBN 978-0-543-67800-3 (paperback)
ISBN 978-0-543-67799-0 (hardcover)

This Elibron Classics Replica Edition is an unabridged facsimile of the edition published in 1908 by G. J. Göschen, Leipzig.

Sammlung Göschen

Unser heutiges Wissen
in kurzen, klaren,
allgemeinverständlichen
Einzeldarstellungen

Jede Nummer in eleg. Leinwandband **80 Pf.**

G. J. Göschen'sche Verlagshandlung, Leipzig

Zweck und Ziel der „Sammlung Göschen" ist, in Einzeldarstellungen eine klare, leichtverständliche und übersichtliche Einführung in sämtliche Gebiete der Wissenschaft und Technik zu geben; in engem Rahmen, auf streng wissenschaftlicher Grundlage und unter Berücksichtigung des neuesten Standes der Forschung bearbeitet, soll jedes Bändchen zuverlässige Belehrung bieten. Jedes einzelne Gebiet ist in sich geschlossen dargestellt, aber dennoch stehen alle Bändchen in innerem Zusammenhange miteinander, so daß das Ganze, wenn es vollendet vorliegt, eine einheitliche, systematische Darstellung unseres gesamten Wissens bilden dürfte.

Ein ausführliches Verzeichnis der bisher erschienenen Nummern befindet sich am Schluß dieses Bändchens

Bibliothek zur Physik

aus der Sammlung Göschen.

Jedes Bändchen eleg. in Leinwand gebunden **80 Pfennig.**

Geschichte der Physik von A. Kistner, Professor an der Großherzoglichen Realschule zu Sinsheim a. E. I: Die Physik bis Newton. Mit 13 Figuren. Nr. 293.

Dasselbe. II: Die Physik von Newton bis zur Gegenwart. Mit 3 Figuren. Nr. 294.

Theoretische Physik. Von Dr. Gustav Jäger, Professor an der Technischen Hochschule in Wien. I: Mechanik und Akustik. Mit 19 Abbildungen. Nr. 76.

Dasselbe. II: Licht und Wärme. Mit 47 Abbildungen. Nr. 77.

Dasselbe. III: Elektrizität und Magnetismus. Mit 33 Abbildungen. Nr. 78.

Dasselbe. IV: Elektromagnetische Lichttheorie und Elektronik. Mit 21 Abbildungen. Nr. 374.

Radioaktivität von Wilh. Frommel. Mit 18 Figuren. Nr. 317.

Physikalische Messungsmethoden von Dr. Wilhelm Bahrdt, Oberlehrer an der Oberrealschule in Groß-Lichterfelde. Mit 49 Figuren. Nr. 301.

Physikalische Aufgabensammlung von G. Mahler, Professor am Gymnasium in Ulm. Mit den Resultaten. Nr. 243.

Physikalische Formelsammlung von G. Mahler, Professor am Gymnasium in Ulm. Nr. 136.

Physikalisch-Chemische Rechenaufgaben von Professor Dr. R. Abegg und Privatdoz. Dr. O. Sackur, beide an der Universität Breslau. Nr. 445.

Vektoranalysis von Dr. Siegfr. Valentiner, Privatdozent für Physik an der Universität Berlin. Mit 11 Figuren. Nr. 354.

Weitere Bände sind in Vorbereitung.

Sammlung Göschen

Theoretische Physik

IV

Elektromagnetische Lichttheorie und Elektronik

Von

Dr. Gustav Jäger
Professor der Physik an der Technischen Hochschule in Wien

Mit 21 Figuren

Leipzig
G. J. Göschen'sche Verlagshandlung
1908

Spamersche Buchdruckerei in Leipzig

Inhalt.

Seite

Elektromagnetische Lichttheorie.

Strahlung.

Elektronik.

Anhang.

Elastizitätstheorie.

Elektromagnetische Lichttheorie.

§ 1. Coulombs Gesetz — Einheit der Elektrizitätsmenge und der magnetischen Masse.

Zwei elektrisierte Körper üben aufeinander entweder Anziehungs- oder Abstoßungskräfte aus. Das führt zur Annahme zweier Arten von Elektrizität, der positiven und der negativen. Coulomb hat gefunden, daß zwei sehr kleine Kugeln, welche die Elektrizitätsmenge m bzw. m' enthalten, aufeinander eine Kraft ausüben von der Größe

$$K = \varepsilon \frac{m m'}{r^2} .$$

r ist dabei die Entfernung der Mittelpunkte der beiden Kugeln, ε eine Konstante, deren Größe von der Wahl der Einheit der Elektrizitätsmenge abhängt. Setzen wir $\varepsilon = 1$ und messen alle übrigen Größen im CGS-System, so erhalten wir die Elektrizitätsmenge im absoluten elektrostatischen Maß.

Dasselbe Kraftgesetz, welches Elektrizitätsmengen befolgen, fand Coulomb für magnetische Massen, indem er die Kräfte, welche Magnetpole aufeinander ausüben, der Messung zuführte. Auch hier können wir die Kraft ausdrücken durch

$$K = \frac{m m'}{r^2} ,$$

wobei wir unter m bzw. m' jetzt magnetische Massen zu verstehen haben. Diese sind in der letzten Formel im absoluten elektromagnetischen Maß gemessen. Entsprechend den vorkommenden Abstoßungs- und Anziehungskräften haben wir es mit positiven und negativen Magnetismen zu tun.

Die Einheit der Elektrizitätsmenge bzw. der magnetischen Masse können wir jetzt als jene Menge definieren, welche in der Entfernung von einem Zentimeter auf eine gleichgroße Menge die Abstoßungskraft von einem Dyn ausübt.

§ 2. **Kraftlinien — Kraftfeld — Feldintensität.**

Jede elektrische oder magnetische Masse m übt auf eine gleichartige Masse von der Größe Eins in einer beliebigen Entfernung r die Kraft $\frac{m}{r^2}$ aus. Dementsprechend nennen wir den ganzen Raum, in welchem sich die elektrischen oder magnetischen Kräfte geltend machen, ein elektrisches bzw. magnetisches Feld.

Gehen wir von irgend einem Punkt des Raumes aus in der jeweiligen Richtung der Kraft immer weiter, so beschreiben wir eine sogenannte Kraftlinie. Die Kraftlinien eines Massenpunktes sind demnach Gerade, welche von ihm nach allen Richtungen des Raums ausgehen. Denken wir uns dieselben gleichmäßig über den Raum verteilt und wählen wir ihre Zahl gleich $4\pi m$, schlagen wir ferner um den Massenpunkt als Mittelpunkt eine Kugel vom Radius r, so gehen durch die Flächeneinheit dieser Kugel $\frac{4\pi m}{4\pi r^2} = \frac{m}{r^2}$ Kraftlinien. Diese Größe können wir auch die Dichte der Kraftlinien in der

Entfernung r vom gegebenen Massenpunkt nennen und erhalten so eine sehr anschauliche Darstellung der Kräfte in einem elektrischen oder magnetischen Feld.

Da sich Kräfte, welche im selben Punkt wirken, geometrisch addieren, so läßt sich dies auch bei den Kraftlinien durchführen. Dies gestattet, ein jedes Kraftfeld als einen von Kraftlinien erfüllten Raum aufzufassen, deren Richtung mit der jeweiligen Richtung der Kraft zusammenfällt und deren Dichte die Größe der Kraft angibt, welche auf die positive Masseneinheit ausgeübt wird. Diese Größe nennt man auch die Feldintensität.

§ 3. Homogenes Feld — Dielektrische Polarisation — Dielektrizitätskonstante — Magnetische Induktion.

Hat in einem Raum an allen Punkten die Kraft dieselbe Größe und dieselbe Richtung, so haben wir ein homogenes Feld. In einem solchen sind demnach die Kraftlinien alle parallel und gleichgerichtet.

Bringen wir in einen leeren Raum, der ein homogenes elektrisches Feld darstellt, einen Isolator, so zeigt sich, daß die Dichte der Kraftlinien im Isolator größer ist als im leeren Raum. Man kann sich eine Vorstellung davon machen, wenn man annimmt, ein jeder Isolator bestehe aus kleinsten Teilchen, innerhalb welcher unter dem Einfluß der elektrischen Kräfte eine Elektrisierung durch Verteilung entsteht, derart, daß sich positive Elektrizität in der Richtung der Kraftlinien, negative entgegengesetzt verschiebt. Von Teilchen zu Teilchen werden nun von den positiven Massen Kraftlinien zu den negativen führen und so die ursprünglich vorhandenen Kraftlinien des Feldes vermehren.

Wir wollen die ursprüngliche Intensität des homogenen elektrischen Feldes mit $\mathfrak{E}$ bezeichnen, die Dichte der Kraftlinien im Isolator mit $\mathfrak{D}$. Die Erfahrung lehrt nun, daß $\mathfrak{E}$ und $\mathfrak{D}$ einander proportional sind, daß wir also

$$\mathfrak{D} = K\mathfrak{E}$$

setzen können. Da im elektrischen Feld jedes Teilchen des Isolators elektrisch polarisiert wird und ein Isolator auch Dielektrikum genannt wird, hat man der Größe $\mathfrak{D}$ den Namen „dielektrische Polarisation" gegeben und nennt die Zahl K die Dielektrizitätskonstante, deren Wert wir für das Vakuum Eins setzen müssen, während sie sich für die verschiedenen Isolatoren verschieden, aber immer größer als Eins ergeben hat.

Dieselbe Überlegung gilt für ein magnetisches Feld. Ist dessen Feldstärke $\mathfrak{H}$, die Dichte der Kraftlinien in einem ins Feld gebrachten Körper $\mathfrak{B}$, und setzen wir analog dem Früheren

$$\mathfrak{B} = \mu\mathfrak{H},$$

so nennt man $\mathfrak{B}$ die magnetische Induktion und μ die magnetische Induktionskonstante. μ ist für die meisten Körper von Eins sehr wenig verschieden. Für starke magnetische Substanzen, wie z. B. Eisen, kann es sehr groß werden und ist dann nicht mehr konstant, sondern eine Funktion der Feldstärke. Bemerkenswert ist, daß es, wie die diamagnetischen Körper zeigen, auch kleiner als Eins werden kann.

§ 4. Elektrischer Strom — Stromstärke — Dielektrische Verschiebung — Verschiebungsstrom.

Geht durch einen Körper Elektrizität in bestimmter Richtung, so sagen wir, er wird von einem elektrischen

Strom durchflossen. Als Maß der Stromstärke i sehen wir die Elektrizitätsmenge an, welche in der Sekunde den Querschnitt der Strombahn passiert.

Ändert sich die dielektrische Polarisation in einem Dielektrikum, so gerät die Elektrizität in Bewegung, wir erhalten einen elektrischen Strom. Die Änderung der dielektrischen Polarisation mit der Zeit ist durch $\frac{d\mathfrak{D}}{dt}$ gegeben. Dies ist gleichzeitig die Zunahme der Dichte der Kraftlinien in der Sekunde. Da wir nun vorausgesetzt haben, daß die Zahl der Kraftlinien, welche von einer Masse m ausgehen, $4\pi m$ ist, so muß einer Zunahme der Kraftlinien $\frac{d\mathfrak{D}}{dt}$ eine Zunahme der Elektrizitätsmenge um $\frac{1}{4\pi}\frac{d\mathfrak{D}}{dt}$ entsprechen, von welcher die Kraftlinien herrühren. Faraday und Maxwell fassen dies so auf, daß es eine direkte elektrische Fernwirkung nicht gibt, sondern die Wirkung von Teilchen zu Teilchen des Raumes erfolgt. Die freie Elektrizität, von welcher die Kraftlinien ausgehen, ist dann lediglich die durch Verteilung in den kleinsten Teilchen des Körpers auftretende Elektrizität. Denken wir uns demnach senkrecht zu den Kraftlinien eine Fläche gelegt, so strömt durch die Einheit derselben in der Sekunde die Elektrizitätsmenge

$$\frac{1}{4\pi}\frac{d\mathfrak{D}}{dt} = \frac{K}{4\pi}\frac{d\mathfrak{E}}{dt}.$$

Diese Größe nennen wir die Stromstärke, die Größe $\frac{d\mathfrak{D}}{dt}$ die dielektrische Verschiebung und den dadurch entstehenden Strom den Verschiebungsstrom.

§ 5. Elektromagnetismus — Ersatz des Stroms durch eine magnetische Platte — Magnetische Arbeit.

Die Erfahrung hat gezeigt, daß jeder elektrische Strom in seiner Umgebung ein magnetisches Feld erzeugt. Haben wir einen geschlossenen Strom, etwa einen von Elektrizität durchflossenen Draht, der eine Fläche umschließt, so erzeugt er dasselbe magnetische Feld wie eine magnetische Platte von der sehr geringen Dicke δ, die mit der genannten Fläche zusammenfällt, und deren eine Seite positiven Magnetismus von der Flächendichte σ, die andere negativen von derselben Dichte enthält (Bd. III, § 42). Wählen wir σ, δ und die Stromstärke i so, daß

$$i = \sigma \delta$$

ist, so können wir die magnetische Wirkung des geschlossenen Stroms immer durch die Wirkung der magnetischen Platte ersetzen, was um so wichtiger ist, da, falls man nur die Verschiebungsströme immer mit berücksichtigt, ungeschlossene Ströme überhaupt nicht vorkommen.

Führen wir eine magnetische Masse durch ein magnetisches Feld, so müssen die magnetischen Kräfte Arbeit leisten. Beschreibt die magnetische Masse eine geschlossene Bahn, so ist die Gesamtarbeit gleich Null, da die Masse dabei ja wieder auf den Anfangswert ihrer potentiellen Energie zurückgebracht wird (Bd. III, § 17). Teilen wir demnach irgend eine geschlossene Bahn in zwei Teile, so muß die Arbeit der magnetischen Kräfte in dem einen Teil gleich groß, aber entgegengesetzt bezeichnet der Arbeit im anderen Teil sein.

Wir bringen nun in unmittelbare Nähe der positiven Oberfläche unserer magnetischen Platte, durch welche wir einen geschlossenen Strom ersetzen, die magnetische Masseneinheit und gehen mit ihr um den Rand der Platte herum bis an die negative Seite, so werden die magnetischen Kräfte dieselbe Arbeit leisten, als wenn wir mit der Masseneinheit direkt durch die Platte hindurch von der positiven zur negativen Seite gehen. Letztere Arbeit ist aber leicht zu bestimmen. Von der positiven Flächeneinheit werden nämlich im ganzen $4\pi\sigma$ Kraftlinien ausgehen. Der Symmetrie halber werden $2\pi\sigma$ Kraftlinien nach außen, ebensoviel nach innen gerichtet sein. Dasselbe ist bei der negativen Seite der Platte der Fall; da dort die Kraftlinien aber negativ zu zählen sind, so addieren sie sich mit den positiven im Innern der Platte und ergeben eine Liniendichte oder, was dasselbe ist, eine Kraft $4\pi\sigma$, die von der positiven zur negativen Fläche gerichtet ist. Der Abstand beider Flächen ist δ. Bringen wir somit die Masseneinheit von der positiven zur negativen Seite, so leisten die magnetischen Kräfte die Arbeit $4\pi\sigma\delta$. Dieselbe Arbeit müssen sie aber auch leisten, wenn wir die magnetische Masseneinheit von der einen Seite der Platte um deren Rand herum nach der anderen führen.

§ 6. Unterschied zwischen geschlossenem Strom und magnetischer Platte — Magnetische Arbeit bei einer Umkreisung des Stroms.

Dieselbe Arbeit, welche die magnetischen Kräfte leisten, wenn die Masseneinheit sich von der positiven zur negativen Seite einer magnetischen Platte begibt, leisten auch die magnetischen Kräfte eines geschlossenen Stroms. Während jedoch beim Durchsetzen der Platte, die Arbeit wieder vollkommen aufgehoben wird, ist dies im magnetischen Feld des Stroms nicht der Fall. Wir haben nämlich zu beachten, daß ein geschlossener Strom durch eine magnetische Platte nur insofern ersetzt werden kann, als wir den Raum außerhalb der Platte in Betracht ziehen. Führen wir demnach die magnetische Masseneinheit einmal vollständig um den Stromleiter herum, so leisten die magnetischen Kräfte des Stroms dabei immer die Arbeit $4\pi\sigma\delta$ oder, da jetzt $\sigma\delta = i$ gesetzt werden kann, so ist die Arbeit bei einem Umlauf immer gleich $4\pi i$. Selbstverständlich hat der Umlauf in dem Sinne zu geschehen, in welchem die Kraftlinien den Leiter umkreisen. Denken wir uns den Strom gegen uns fließend, so umkreisen die magnetischen Kraftlinien, von uns aus betrachtet, in entgegengesetztem Sinn der Uhrzeigerbewegung den Leiter. Die Gestalt der geschlossenen Bahn, in welcher wir die magnetische Masseneinheit um den elektrischen Strom herumführen, ist nach dem Früheren natürlich ganz gleichgültig.

Wir wollen die Stärke des magnetischen Feldes wieder $\mathfrak{H}$ nennen. Die Arbeit bei einem Umlauf hat man mit „rot $\mathfrak{H}$" (Rotation, Rotor) oder, wie dies jetzt fast ausschließlich geschieht, nach dem Englischen mit „curl $\mathfrak{H}$" bezeichnet. Das Wort curl läßt sich mit „Locke" und „Quirl" wiedergeben.

Wir erhalten somit die Gleichung

$$4\pi i = \mathrm{curl}\,\mathfrak{H}\,.$$

Haben wir es mit einem Verschiebungsstrom zu tun, so ist seine Dichte durch

$$\frac{1}{4\pi}\frac{d\mathfrak{D}}{dt} = \frac{K}{4\pi}\cdot\frac{d\mathfrak{E}}{dt}$$

gegeben. Ist der Querschnitt des Stromleiters ω, so ist die Stromstärke

$$i = \frac{\omega K}{4\pi}\cdot\frac{d\mathfrak{E}}{dt}\,.$$

Es besteht mithin zwischen diesem Strom und der Umlaufsarbeit die Beziehung

$$\omega K \frac{d\mathfrak{E}}{dt} = \mathrm{curl}\,\mathfrak{H}\,. \tag{1}$$

§ 7. Elektromagnetische Induktion.

Wird eine von einem Leiter der Elektrizität umschlossene Fläche von magnetischen Kraftlinien durchsetzt, so durchfließt den Leiter ein elektrischer Strom, sooft sich die Zahl der magnetischen Kraftlinien ändert, welche der Leiter umschließt (Bd. III, § 51). In dem Leiter wird somit eine elektromotorische Kraft hervorgerufen, in der Umgebung der magnetischen Kraftlinien wird ein elektrisches Feld erzeugt. Auch die Intensität $\mathfrak{E}$ dieses Feldes nennt man die elektromotorische Kraft, da die Masseneinheit der Elektrizität in einem solchen Felde mit der Kraft $\mathfrak{E}$ in der Richtung der Kraftlinien getrieben wird, doch ist diese elektromotorische Kraft formell verschieden von jener im Ohmschen Gesetz (Bd. III, § 48). Macht daher die Masseneinheit einen vollen Umlauf um die magnetischen Kraftlinien, so leisten die elektrischen Kräfte eine bestimmte Arbeit, welche wir nach der Bezeichnung im vorhergehenden Paragraphen curl $\mathfrak{E}$ nennen wollen.

Denken wir uns nun eine kleine Fläche ω, welche senkrecht von magnetischen Kraftlinien von der Dichte $\mathfrak{B}$ durchsetzt wird, so haben wir $\omega\mathfrak{B}$ magnetische Kraftlinien umschlossen. Deren Änderung in der Sekunde beträgt

$$\frac{d(\omega\mathfrak{B})}{dt} = \omega\mu\frac{d\mathfrak{H}}{dt}$$

(§ 3). Dadurch werden in der Umgrenzungslinie von ω elektromotorische Kräfte geweckt, und zwar von uns aus betrachtet im Sinne der Bewegung des Uhrzeigers, wenn die magnetischen Kraftlinien auf uns zukommen. Die Erfahrung ergibt ferner, daß curl $\mathfrak{E}$ der Größe $\omega\mu\frac{d\mathfrak{H}}{dt}$ proportional ist. Vereinigen wir beide Größen zur Gleichung

$$(2) \qquad \omega\mu\frac{d\mathfrak{H}}{dt} = -\operatorname{curl}\mathfrak{E},$$

so sind wir durch das negative Vorzeichen dem Umlauf entgegengesetzt dem Sinne der Uhrzeigerbewegung gerecht geworden und haben, indem wir die Proportionalitätskonstante gleich Eins setzen, die elektromagnetische Kraft $\mathfrak{E}$ im sogenannten „elektromagnetischen Maß“ gemessen.

§ 8. Elektrostatisches und elektromagnetisches Maßsystem — Grundgleichungen des elektromagnetischen Feldes.

Schon im § 1 haben wir die Einheit für die Elektrizitätsmenge und die magnetische Menge festgesetzt. Die Beziehung, welche wir im § 5 zwischen einem geschlossenen Strom und einer magnetischen Platte kennen gelernt haben, gestattet ebenfalls eine Maßeinheit für die Elektrizitätsmenge festzustellen, falls wir als Maßeinheit für den Magnetismus die aus § 1 gewonnene anwenden. Diese beiden Maßeinheiten für die Elektrizitätsmenge haben aber sehr verschiedenen Wert. Man muß daher zwischen zwei Maßsystemen unterscheiden. Messen wir die verschiedenen Größen in dem ersteren System, so beziehen wir alles auf das „elektrostatische Maßsystem", während wir das zweite das „elektromagnetische Maßsystem" nennen. Eine Elektrizitätsmenge im elektrostatischen Maßsystem gemessen ergibt eine $3 \cdot 10^{10}$ mal größere Zahl, als wenn wir sie im elektromagnetischen System bestimmen. Ferner zeigt sich, daß die Dimensionen der elektrischen und magnetischen Größen in den verschiedenen Systemen verschieden sind (Bd. III, § 52). So ist z. B. für eine Elektrizitätsmenge das Verhältnis der Dimensionen im elektrostatischen und elektromagnetischen System eine Geschwindigkeit. Dieselbe beträgt somit $3 \cdot 10^{10}$ cm/sek. Genau so groß ist die Lichtgeschwindigkeit V im leeren Raum.

Die Gewohnheit hat es mit sich gebracht, die elektrischen Größen im elektrostatischen, die magnetischen im elektromagnetischen Maß anzugeben. Will man dies beibehalten, so haben wir an den Gleichungen (1) und (2) noch eine geringfügige Änderung vorzunehmen. Gerade so wie bei der Elektrizitätsmenge ist auch bei der Stromstärke das Verhältnis der in beiden Systemen gemessenen Größen gleich der Lichtgeschwindigkeit V. Bei der elektromotorischen Kraft ist es hingegen umgekehrt. In diesem Falle ergibt sich das Verhältnis $\frac{1}{V}$.

In Gleichung (1) haben wir links die Stromstärke $\frac{d\mathfrak{E}}{dt}$, welche wir in elektrostatischem, rechts die magnetische

Feldintensität $\mathfrak{H}$, die wir in elektromagnetischem Maß angeben. Um die Stromstärke in demselben System wie $\mathfrak{H}$ zu messen, haben wir sie demnach durch V zu dividieren und erhalten so

$$(3) \qquad \frac{\omega K}{V} \cdot \frac{d\mathfrak{E}}{dt} = \operatorname{curl} \mathfrak{H} .$$

In Gleichung (2) hingegen haben wir rechts die elektromotorische Kraft $\mathfrak{E}$, deren Maß wir elektrostatisch angeben. Um beide Seiten der Gleichung somit in Einklang zu bringen, haben wir nach dem Früheren $\mathfrak{E}$ mit V zu multiplizieren. Dies ergibt sodann

$$(4) \qquad \frac{\omega \mu}{V} \frac{d\mathfrak{H}}{dt} = -\operatorname{curl} \mathfrak{E} .$$

Die Gleichungen (3) und (4) bestimmen die Bewegung der Elektrizität und des Magnetismus in Isolatoren. Sie sind die Grundgleichungen des elektromagnetischen Feldes, welche zuerst von J. Cl. Maxwell aufgestellt und sowohl zur Darstellung der elektromagnetischen als auch der Lichterscheinungen in den Nichtleitern der Elektrizität benützt wurden.

§ 9. Die „curl“-Gleichungen, bezogen auf ein rechtwinkliges Koordinatensystem.

Die Größen curl $\mathfrak{H}$ und curl $\mathfrak{E}$ in den Gleichungen (3) bzw. (4) sind Vektorgrößen. Den Vektor haben wir uns dabei derart gelegt zu denken, daß er die Normale zur Fläche ω bildet und zwar nach jener Seite gerichtet, von welcher betrachtet die Masseneinheit entgegengesetzt dem Sinne der Uhrzeigerbewegung um die Fläche geführt werden muß, damit die Arbeit eine positive werde. Wir können somit den curl in Komponenten zerlegen und wollen dies, da es im allgemeinen so üblich geworden ist, mit Bezug auf ein „englisches Koordinatensystem“ durchführen. Dasselbe unterscheidet sich von dem auf dem Kontinent gebräuchlichen

„französischen" dadurch, daß, wie Fig. 1 zeigt, die Lage der Y-Achse mit jener der Z-Achse vertauscht ist.

Wir wollen die Komponenten der elektromotorischen Kraft $\mathfrak{E}$ mit X, Y, Z, jene der magnetischen Kraft $\mathfrak{H}$ mit α, β, γ bezeichnen. Wollen wir nun, daß sich die Gleichung (3) nur auf eine Strömung der Elektrizität parallel zur x-Achse beziehe, so können wir folgendermaßen vorgehen.

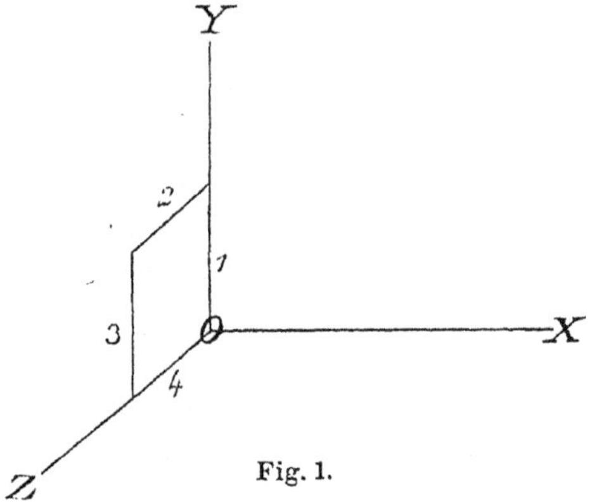

Fig. 1.

Anstatt der Fläche ω führen wir das Flächenelement $dy\,dz$ ein. An Stelle von $\frac{d\mathfrak{E}}{dt}$ kommt $\frac{\partial X}{\partial t}$, wobei wir deshalb den partiellen Differentialquotienten zu setzen haben, weil wir ja die Komponenten Y und Z der elektromotorischen Kräfte jetzt als konstant betrachten, so daß eine dielektrische Verschiebung tatsächlich nur parallel zur x-Achse vorkommt.

Um die entsprechende Komponente des curl $\mathfrak{H}$ zu finden, haben wir die Arbeit aufzusuchen, welche die magnetischen Kräfte leisten, wenn die magnetische Masseneinheit längs der Begrenzung des Flächenelementes $dy\,dz$ dieses einmal umkreist. Um dabei in dem oben angedeuteten Sinne richtig zu verfahren, haben wir der Reihe nach die Strecken *1*, *2*, *3*, *4* (Fig. 1) zurückzulegen.

Die Intensität des magnetischen Feldes habe im Ursprung des Koordinatensystems die Komponenten β parallel zur y-Achse, γ parallel zur z-Achse. Gehen wir vom Ursprung längs der y-Achse um die Strecke dy weiter, so wird sich dabei die Komponente γ ändern in $\gamma + \frac{\partial \gamma}{\partial y} dy$. Gleicherweise wird eine Änderung des β vor sich gehen, wenn wir vom Ursprung längs der z-Achse um die Strecke dz weitergehen, in $\beta + \frac{\partial \beta}{\partial z} dz$. Wenn wir demnach das Elementarrechteck $dy\,dz$ in der Reihenfolge *1*—*4* durchlaufen, so haben wir in *1* die Feldstärke β, in *2* $\gamma + \frac{\partial \gamma}{\partial y} dy$, in *3* $\beta + \frac{\partial \beta}{\partial z} dz$, in *4* γ. Durchläuft ein Punkt von der magnetischen Masse Eins nun wirklich den Umfang des Elementarrechtecks, so ist zu bedenken, daß in *3* und *4* der Punkt entgegengesetzt der Richtung der Koordinatenachsen sich bewegt, so daß wir die Arbeit der magnetischen Kräfte negativ in Rechnung zu setzen haben.

Indem wir nun immer die Kraft mit dem Wege multiplizieren, erhalten wir als Gesamtarbeit bei einmaligem Umlaufe

$$\beta\,dy + \left(\gamma + \frac{\partial \gamma}{\partial y} dy\right) dz - \left(\beta + \frac{\partial \beta}{\partial z} dz\right) dy - \gamma\,dz$$
$$= \left(\frac{\partial \gamma}{\partial y} - \frac{\partial \beta}{\partial z}\right) dy\,dz .$$

Gleichung (3) wird somit

$$dy\,dz \frac{K}{V} \frac{\partial X}{\partial t} = \left(\frac{\partial \gamma}{\partial y} - \frac{\partial \beta}{\partial z}\right) dy\,dz$$

oder
$$\frac{K}{V}\frac{\partial X}{\partial t} = \frac{\partial \gamma}{\partial y} - \frac{\partial \beta}{\partial z}.$$

Durch zyklische Vertauschung der Buchstaben können wir aus dieser Gleichung ohne weiteres die Gleichungen für eine Strömung der Elektrizität parallel zur y-Achse bzw. z-Achse finden.

Ferner läßt sich auch Gleichung (4) in genau derselben Weise wie Gleichung (3) in drei Gleichungen entsprechend den Achsen eines rechtwinkligen Koordinatensystems zerlegen, wobei jedoch das negative Vorzeichen der rechten Seite zu beachten ist. Wir gelangen so zu zwei Systemen von je drei Gleichungen, welche die elektrischen und magnetischen Vorgänge in einem Isolator bestimmen und folgendermaßen lauten:

$$(5)\quad \left\{\begin{aligned} \frac{K}{V}\frac{\partial X}{\partial t} &= \frac{\partial \gamma}{\partial y} - \frac{\partial \beta}{\partial z}, \\ \frac{K}{V}\frac{\partial Y}{\partial t} &= \frac{\partial \alpha}{\partial z} - \frac{\partial \gamma}{\partial x}, \\ \frac{K}{V}\frac{\partial Z}{\partial t} &= \frac{\partial \beta}{\partial x} - \frac{\partial \alpha}{\partial y}, \end{aligned}\right.$$

$$(6)\quad \left\{\begin{aligned} \frac{\mu}{V}\frac{\partial \alpha}{\partial t} &= \frac{\partial Y}{\partial z} - \frac{\partial Z}{\partial y}, \\ \frac{\mu}{V}\frac{\partial \beta}{\partial t} &= \frac{\partial Z}{\partial x} - \frac{\partial X}{\partial z}, \\ \frac{\mu}{V}\frac{\partial \gamma}{\partial t} &= \frac{\partial X}{\partial y} - \frac{\partial Y}{\partial x} \end{aligned}\right.\text{[1]}.$$

[1]) Im Bd. III, § 60 u. 61 haben diese Gleichungen wegen Benützung eines französischen Koordinatensystems entgegengesetztes Vorzeichen.

Aus diesen Gleichungssystemen geht bei Berücksichtigung der Gleichungen (3) und (4) hervor, daß wir den Operator „curl“ auch rein mathematisch definieren können. Haben wir nämlich eine Vektorgröße $\mathfrak{H}$ mit den Komponenten α, β, γ, so sind die Komponenten von curl $\mathfrak{H}$ auf dasselbe Koordinatensystem bezogen $\frac{\partial\gamma}{\partial y} - \frac{\partial\beta}{\partial z}$, $\frac{\partial\alpha}{\partial z} - \frac{\partial\gamma}{\partial x}$, $\frac{\partial\beta}{\partial x} - \frac{\partial\alpha}{\partial y}$, wenn wir den Umlauf auf eine Fläche von der Größe Eins beziehen.

§ 10. Die Bewegungsgleichungen der Elektrizität und des Magnetismus in ursprünglich neutralen Isolatoren.

Wir wollen die erste der Gleichungen (5) nach der Zeit differenzieren und erhalten so

$$(7)\quad \frac{K}{V}\frac{\partial^2 X}{\partial t^2} = \frac{\partial^2\gamma}{\partial t\,\partial y} - \frac{\partial^2\beta}{\partial t\,\partial z} = \frac{\partial}{\partial y}\left(\frac{\partial\gamma}{\partial t}\right) - \frac{\partial}{\partial z}\left(\frac{\partial\beta}{\partial t}\right).$$

Aus der zweiten und dritten der Gleichungen (6) finden wir

$$\frac{\partial\gamma}{\partial t} = \frac{V}{\mu}\left(\frac{\partial X}{\partial y} - \frac{\partial Y}{\partial x}\right)$$

und

$$\frac{\partial\beta}{\partial t} = \frac{V}{\mu}\left(\frac{\partial Z}{\partial x} - \frac{\partial X}{\partial z}\right).$$

Setzen wir diese Ausdrücke in Gleichung (7) ein, so ergibt dies

$$\frac{K}{V}\frac{\partial^2 X}{\partial t^2} = \frac{V}{\mu}\left(\frac{\partial^2 X}{\partial y^2} - \frac{\partial^2 Y}{\partial x\,\partial y}\right) - \frac{V}{\mu}\left(\frac{\partial^2 Z}{\partial x\,\partial z} - \frac{\partial^2 X}{\partial z^2}\right)$$

oder

$$(8)\quad \left\{\begin{aligned} \frac{K\mu}{V^2}\frac{\partial^2 X}{\partial t^2} &= \frac{\partial^2 X}{\partial x^2} + \frac{\partial^2 X}{\partial y^2} + \frac{\partial^2 X}{\partial z^2} \\ &\quad - \frac{\partial}{\partial x}\left(\frac{\partial X}{\partial x} + \frac{\partial Y}{\partial y} + \frac{\partial Z}{\partial z}\right). \end{aligned}\right.$$

Mit Zuhilfenahme der Gleichungen (5) erhalten wir über den Ausdruck $\frac{\partial}{\partial x}\left(\frac{\partial X}{\partial x}+\frac{\partial Y}{\partial y}+\frac{\partial Z}{\partial z}\right)$ näheren Aufschluß. Differenzieren wir dieselben nämlich der Reihe nach nach x bzw. y und z und addieren sie, so erhalten wir

$$\frac{K}{V}\frac{\partial}{\partial t}\left(\frac{\partial X}{\partial x}+\frac{\partial Y}{\partial y}+\frac{\partial Z}{\partial z}\right)=0\,.$$

Der Ausdruck $\frac{\partial X}{\partial x}+\frac{\partial Y}{\partial y}+\frac{\partial Z}{\partial z}$ ist also bezüglich der Zeit konstant. Haben wir somit einen ursprünglich unelektrischen Isolator, in dem erst eine elektrische Bewegung hervorgerufen wird, so ist ursprünglich unser Ausdruck gleich Null und muß immer gleich Null bleiben, so daß wir Gleichung (8) schreiben können

$$\frac{K\mu}{V^2}\frac{\partial^2 X}{\partial t^2}=\Delta X\,,$$

wenn wir mit ΔX den Ausdruck $\frac{\partial^2 X}{\partial x^2}+\frac{\partial^2 X}{\partial y^2}+\frac{\partial^2 X}{\partial z^2}$ bezeichnen. In derselben Weise können wir auch die 2. und 3. der Gleichungen (5), sowie die Gleichungen (6) behandeln, so daß wir schließlich folgendes System von sechs Gleichungen erhalten:

$$(9)\left\{\begin{aligned}\frac{K\mu}{V^2}\frac{\partial^2 X}{\partial t^2}&=\Delta X,\\ \frac{K\mu}{V^2}\frac{\partial^2 Y}{\partial t^2}&=\Delta Y,\\ \frac{K\mu}{V^2}\frac{\partial^2 Z}{\partial t^2}&=\Delta Z.\end{aligned}\right.\qquad (10)\left\{\begin{aligned}\frac{K\mu}{V^2}\frac{\partial^2 \alpha}{\partial t^2}&=\Delta\alpha\,,\\ \frac{K\mu}{V^2}\frac{\partial^2 \beta}{\partial t^2}&=\Delta\beta\,,\\ \frac{K\mu}{V^2}\frac{\partial^2 \gamma}{\partial t^2}&=\Delta\gamma\,.\end{aligned}\right.$$

§ 11. Die Strahlgleichungen — Fortpflanzung elektromagnetischer Wellen.

Wir wollen annehmen, daß wir einen elektrischen Zustand haben, der an allen Punkten einer zur (y, z)-Ebene parallelen Ebene gleich ist und sich auch in gleicher Weise mit der Zeit ändert. Es müssen somit alle Glieder in den Gleichungen (5), (6), (9) und (10), welche Differentialquotienten nach y und z sind, Null werden. Desgleichen wird $\frac{\partial X}{\partial x} = 0$, da ja nach § 10

$$\frac{\partial X}{\partial x} + \frac{\partial Y}{\partial y} + \frac{\partial Z}{\partial z} = 0$$

und nach unserer Voraussetzung auch

$$\frac{\partial Y}{\partial y} + \frac{\partial Z}{\partial z} = 0$$

ist. Ebenso wird $\frac{\partial \alpha}{\partial x} = 0$. Auf diese Weise erhalten wir

$$(11)\quad \begin{cases} \frac{K}{V}\frac{\partial X}{\partial t} = 0\,, \\ \frac{K}{V}\frac{\partial Y}{\partial t} = -\frac{\partial \gamma}{\partial x}\,, \\ \frac{K}{V}\frac{\partial Z}{\partial t} = \frac{\partial \beta}{\partial x}\,. \end{cases} \qquad (12)\quad \begin{cases} \frac{\mu}{V}\frac{\partial \alpha}{\partial t} = 0\,, \\ \frac{\mu}{V}\frac{\partial \beta}{\partial t} = \frac{\partial Z}{\partial x}\,, \\ \frac{\mu}{V}\frac{\partial \gamma}{\partial t} = -\frac{\partial Y}{\partial x}\,. \end{cases}$$

$$(13)\quad \begin{cases} \frac{K\mu}{V^2}\frac{\partial^2 X}{\partial t^2} = 0\,, \\ \frac{K\mu}{V^2}\frac{\partial^2 Y}{\partial t^2} = \frac{\partial^2 Y}{\partial x^2}\,, \\ \frac{K\mu}{V^2}\frac{\partial^2 Z}{\partial t^2} = \frac{\partial^2 Z}{\partial x^2}\,. \end{cases} \qquad (14)\quad \begin{cases} \frac{K\mu}{V^2}\frac{\partial^2 \alpha}{\partial t^2} = 0\,, \\ \frac{K\mu}{V^2}\frac{\partial^2 \beta}{\partial t^2} = \frac{\partial^2 \beta}{\partial x^2}\,, \\ \frac{K\mu}{V^2}\frac{\partial^2 \gamma}{\partial t^2} = \frac{\partial^2 \gamma}{\partial x^2}\,. \end{cases}$$

Aus diesen Gleichungen folgt, daß $\frac{\partial X}{\partial t} = \frac{\partial^2 X}{\partial t^2} = 0$, also auch $X = 0$ ist, da wir ursprünglich in unserm Isolator keine elektrischen Kräfte annahmen. Elektrische Kräfte können also nur senkrecht zur x-Achse unseres Koordinatensystems auftreten.

Die Richtung, in welcher die dielektrische Verschiebung vor sich geht, welche ja mit der Richtung der elektromotorischen Kraft identisch ist, wollen wir mit der Richtung der y-Achse zusammenfallen lassen. Es wird dann $Z = 0$. Von den Gleichungen (11), (12), (13) und (14) bleiben mithin nur

$$(15) \quad \begin{cases} \frac{K}{V}\frac{\partial Y}{\partial t} = -\frac{\partial \gamma}{\partial x}, & \frac{\mu}{V}\frac{\partial \gamma}{\partial t} = -\frac{\partial Y}{\partial x}, \\ \frac{K\mu}{V^2}\frac{\partial^2 Y}{\partial t^2} = \frac{\partial^2 Y}{\partial x^2}, & \frac{K\mu}{V^2}\frac{\partial^2 \gamma}{\partial t^2} = \frac{\partial^2 \gamma}{\partial x^2}. \end{cases}$$

Wir erhalten somit das wichtige Resultat, daß jede elektrische Bewegung in einem Isolator von einer magnetischen Bewegung begleitet wird, welche senkrecht dazu steht, und vice versa.

Es läßt sich leicht zeigen, daß jede Funktion von $x - at$, welche wir an Stelle des Y bzw. des γ setzen, eine Lösung unserer Gleichung wird. Wir wollen etwa die elektromotorische Kraft

$$Y = \varphi(x - at),$$

die magnetische Induktion

$$\gamma = \psi(x - at)$$

setzen, wobei also φ und ψ ganz willkürliche Funktionen bedeuten sollen. Aus dieser Annahme folgt weiter

$$\frac{\partial Y}{\partial t} = -a\,\varphi'(x-at)\,, \qquad \frac{\partial^2 Y}{\partial t^2} = a^2\,\varphi''(x-at)\,,$$

$$\frac{\partial Y}{\partial x} = \varphi'(x-at)\,, \qquad \frac{\partial^2 Y}{\partial x^2} = \varphi''(x-at)\,,$$

$$\frac{\partial \gamma}{\partial t} = -a\,\psi'(x-at)\,, \qquad \frac{\partial^2 \gamma}{\partial t^2} = a^2\,\psi''(x-at)\,,$$

$$\frac{\partial \gamma}{\partial x} = \psi'(x-at)\,, \qquad \frac{\partial^2 \gamma}{\partial x^2} = \psi''(x-at)\,.$$

Setzen wir diese Ausdrücke in die Gleichungen (15) ein, so erhalten wir

$$-\frac{K}{V}\,a\,\varphi'(x-at) = -\psi'(x-at)\,,$$

$$-\frac{\mu}{V}\,a\,\psi'(x-at) = -\varphi'(x-at)\,,$$

$$\frac{K\mu}{V^2}\,a^2\,\varphi''(x-at) = \varphi''(x-at)\,,$$

$$\frac{K\mu}{V^2}\,a^2\,\psi''(x-at) = \psi''(x-at)\,.$$

Aus den beiden letzten Gleichungen folgt unmittelbar, daß

$$\frac{K\mu\,a^2}{V^2} = 1$$

sein muß. Dasselbe Resultat erhalten wir auch aus den beiden vorhergehenden Gleichungen, wenn wir die linken und die rechten Seiten miteinander multiplizieren und zu einer neuen Gleichung vereinigen. Demnach ist

$$a = \frac{V}{\sqrt{K\mu}}\,.$$

Das ist aber nichts anderes als die Geschwindigkeit, mit welcher sich ein bestimmter elektromagnetischer Zustand parallel zur x-Achse fortpflanzt (Bd. I, § 68).

Für den leeren Raum ist $K = \mu = 1$, folglich

$$a = V.$$

Da aber nach unserer Voraussetzung V die Geschwindigkeit des Lichts im leeren Raum ist, so ist für diesen die Lichtgeschwindigkeit und die Fortpflanzungsgeschwindigkeit der elektromagnetischen Wellen identisch. Ferner haben wir es mit Transversalwellen zu tun, da die elektrischen Kräfte sowohl als auch die magnetischen immer senkrecht zur Fortpflanzungsrichtung sind.

§ 12. Elektromagnetische Kugelwellen.

Erzeugen wir in einem kleinen Raum eine elektromagnetische Bewegung, so werden sich elektromagnetische Wellen nach allen Richtungen fortpflanzen. In einem isotropen Medium geschieht dies nach allen Richtungen mit derselben Geschwindigkeit. Wir erhalten also Kugelwellen, sobald wir die Erregerstelle als klein gegenüber dem Radius einer solchen Welle betrachten können. Daß unseren Gleichungen (9) und (10) durch Kugelwellen Genüge getan wird, läßt sich sehr leicht zeigen.

Machen wir den Wellenerreger zum Ursprung eines rechtwinkligen Koordinatensystems, so ist der Radius einer Kugelwelle gegeben durch

$$r^2 = x^2 + y^2 + z^2 .$$

Danach können wir den Ausdruck

$$\Delta X = \frac{\partial^2 X}{\partial x^2} + \frac{\partial^2 X}{\partial y^2} + \frac{\partial^2 X}{\partial z^2} = \frac{1}{r} \frac{\partial^2 (r X)}{\partial r^2}$$

setzen, was wir nach dem Rechnungsvorgang erhalten, den wir bei einer punktförmigen Schallquelle (Bd. I, § 67) benutzt haben. Wir können jetzt die erste der Gleichungen (9) schreiben

$$\frac{K\mu}{V^2}\frac{\partial^2 X}{\partial t^2} = \frac{1}{r}\frac{\partial^2 (rX)}{\partial r^2}$$

oder

$$\frac{K\mu}{V^2}\frac{\partial^2 (rX)}{\partial t^2} = \frac{\partial^2 (rX)}{\partial r^2}.$$

Diese Gleichung entspricht aber der Form nach vollständig der 2. und 3. der Gleichungen (13) und (14). Die allgemeine Lösung, welche wir für diese Gleichungen angaben, wird daher auch eine Lösung unserer jetzigen Gleichung sein. Das heißt, wir können für rX jede beliebige Funktion von $r - at$ setzen. Es ergibt sich für a dann wieder die Fortpflanzungsgeschwindigkeit der elektromagnetischen Wellen, welche wir bereits im vorhergehenden Paragraphen kennen gelernt haben. Die Größe der elektromotorischen Kraft X kann daher dargestellt werden durch

$$X = \frac{1}{r} f(r - at),$$

wo $f(r - at)$ eine ganz willkürliche Funktion von $r - at$ bedeutet. Das heißt: es nimmt die elektromotorische Kraft X und ganz analog Y und Z, sowie die magnetischen Induktionen α, β, γ verkehrt proportional mit dem Radius der Kugelwelle ab.

§ 13. Harmonische elektrische und magnetische Schwingungen — Lichtschwingungen.

Wir wollen im folgenden die elektromotorische Kraft einer ebenen Welle immer mit E, die magnetische mit M bezeichnen. Wir wissen, daß beide aufeinander senkrecht stehen müssen. Als Fortpflanzungsrichtung wählen wir wiederum die x-Achse eines rechtwinkligen Koordinatensystems. Die Gleichungen (15) gewinnen sonach die Form

$$(16) \quad \begin{cases} \dfrac{K}{V}\dfrac{\partial E}{\partial t} = -\dfrac{\partial M}{\partial x}, & \dfrac{\mu}{V}\dfrac{\partial M}{\partial t} = -\dfrac{\partial E}{\partial x}, \\ \dfrac{K\mu}{V^2}\dfrac{\partial^2 E}{\partial t^2} = \dfrac{\partial^2 E}{\partial x^2}, & \dfrac{K\mu}{V^2}\dfrac{\partial^2 M}{\partial t^2} = \dfrac{\partial^2 M}{\partial x^2}. \end{cases}$$

Da nun E sowohl als M durch jede beliebige Funktion von $x - at$ genügt wird, wobei a die Fortpflanzungsgeschwindigkeit der elektromagnetischen Welle ist, so können wir

$$E = E_0 \cos \varepsilon (x - at)$$

setzen, wobei ε eine willkürliche Konstante bedeutet.

Betrachten wir E an einer ganz bestimmten Stelle, etwa für $x = 0$, so wird

$$E = E_0 \cos(-\varepsilon a t) = E_0 \cos \varepsilon a t\,.$$

An einer bestimmten Stelle des Raumes haben wir also eine elektromotorische Kraft, welche eine harmonische Funktion der Zeit ist. Wir haben eine sogenannte elektrische Schwingung. Das ist so zu verstehen, daß wir an einem ganz bestimmten Punkt des Raumes eine dielektrische Polarisation haben, welche von einem Maximalwert E_0 mit fortschreitender Zeit auf Null herabsinkt, sodann negativ wird und bis zum Betrag $-E_0$ ansteigt. Dann nimmt sie wieder ab, wird Null, positiv und erreicht schließlich den Wert E_0, wonach sich derselbe Bewegungsvorgang von neuem abspielt. Die Richtung der dielektrischen Verschiebung bleibt, abgesehen vom Vorzeichen, dabei immer dieselbe. Nach Analogie einer mechanischen Schwingung können wir E_0 die Amplitüde nennen. Es ist auch ohne weiteres klar, daß die Zeit τ, welche zwischen zwei gleichen Zuständen verfließt, durch

$$\varepsilon a \tau = 2\pi$$

gegeben ist. τ ist somit die Schwingungsdauer, und die Konstante ε kann durch $\frac{2\pi}{a\tau}$ ersetzt werden.

Betrachten wir den elektrischen Zustand während einer bestimmten Zeit, etwa für $t = 0$ längs der ganzen x-Achse, so ist die Erscheinung durch

$$E = E_0 \cos \varepsilon x$$

gegeben. Die elektromotorische Kraft fängt also mit dem Maximalwert E_0 an, sinkt dann mit wachsendem x auf 0 herab, wird negativ, erreicht den Wert $-E_0$, wird dann wieder kleiner usw. Es wiederholt sich hier im Raum, was wir früher in der Zeit kennen gelernt haben. Die Strecke, welche wir zurücklegen müssen, bis wir wieder denselben Zustand erreichen, nennen wir die Wellenlänge, indem wir wieder, in Analogie zu einer Wasser- oder Schallwelle, die einzelnen Begriffe von dort auf die elektrischen Wellen übertragen. Die Wellenlänge λ ist somit durch

$$\varepsilon \lambda = 2\pi$$

gegeben. Es kann somit ε nicht nur durch $\frac{2\pi}{a\tau}$, sondern auch durch $\frac{2\pi}{\lambda}$ dargestellt werden, woraus ohne weiteres die bekannten Beziehungen

$$\lambda = a\tau, \qquad a = \frac{\lambda}{\tau}$$

folgen. Die elektromotorische Kraft selbst können wir also folgendermaßen darstellen. Es ist

$$E = E_0 \cos \varepsilon (x - at) = E_0 \cos(\varepsilon x - \varepsilon a t)$$

$$= E_0 \cos\left(\frac{2\pi}{\lambda} x - \frac{2\pi}{\tau} t\right) = E_0 \cos 2\pi \left(\frac{x}{\lambda} - \frac{t}{\tau}\right).$$

Diese Gleichung ist der Ausgangspunkt zur Erklärung der optischen Erscheinungen. Von ganz derselben Gleichung geht auch die Fresnelsche Lichttheorie aus. Nur ist dort die Deutung der Buchstaben eine andere.

Die beiden ersten der Gleichungen (16) zeigen nun einen innigen Zusammenhang zwischen der elektrischen und der magnetischen Welle. Bilden wir

$$\frac{\partial E}{\partial t} = \frac{2\pi}{\tau} E_0 \sin 2\pi \left(\frac{x}{\lambda} - \frac{t}{\tau}\right),$$

so folgt aus der ersten dieser Gleichungen

$$\frac{2\pi E_0 K}{V\tau} \sin 2\pi \left(\frac{x}{\lambda} - \frac{t}{\tau}\right) = -\frac{\partial M}{\partial x},$$

oder integriert

$$M = -\frac{2\pi E_0 K}{V\tau} \int \sin 2\pi \left(\frac{x}{\lambda} - \frac{t}{\tau}\right) dx$$

$$= -\frac{2\pi E_0 K}{V\tau} \left[-\frac{\lambda}{2\pi} \cos 2\pi \left(\frac{x}{\lambda} - \frac{t}{\tau}\right) + C\right].$$

Die willkürliche Konstante C wird gleich Null, wenn, wie wir annehmen wollen, ursprünglich keine magnetischen Kräfte vorhanden waren. Dann ist also

$$M = \frac{E_0 K \lambda}{V\tau} \cos 2\pi \left(\frac{x}{\lambda} - \frac{t}{\tau}\right).$$

Nun können wir aber

$$\frac{E_0 K \lambda}{V\tau} = M_0$$

wiederum die Amplitüde der magnetischen Schwingung nennen, so daß also ganz analog der elektrischen

Welle auch eine magnetische vorhanden ist, welche durch die Gleichung

$$M = M_0 \cos 2\pi \left(\frac{x}{\lambda} - \frac{t}{\tau}\right)$$

gegeben ist.

Beide Wellen stehen aufeinander senkrecht und außerdem senkrecht auf der gemeinschaftlichen Fortpflanzungsrichtung. Beide Wellen haben genau dieselbe Phase. Während somit die mechanische Lichttheorie mit einer einzigen Schwingungsrichtung senkrecht zur Fortpflanzungsrichtung auskommt, braucht die elektromagnetische Lichttheorie deren zwei. Sie scheint also komplizierter zu sein als jene. Dafür umfaßt sie aber auch ein weitaus größeres Gebiet, nämlich neben der rein optischen auch noch die elektro- und magnetooptischen Erscheinungen.

§ 14. Linear polarisiertes Licht — Superposition der Wellen — natürliches Licht.

Den bisher betrachteten Strahlen „elektrischer Kraft" entspricht in der Optik das sogenannte linear polarisierte Licht. Es gehen die elektrischen Schwingungen parallel zu einer ganz bestimmten Ebene vor sich. Wir wollen sie die Schwingungsebene nennen. Sie ist bestimmt durch die Richtung einer Schwingung und die Fortpflanzungsrichtung der Welle.

Fresnel (Bd. II, § 23), welcher die Theorie transversaler Lichtwellen begründete, wählte die Schwingungsebene in der Lage, welche durch die elektrischen Schwingungen bestimmt wird. Wir haben aber auch noch magnetische Schwingungen. Diese finden parallel einer Ebene statt, welche senkrecht zur Ebene der elektrischen Schwingungen liegt. Die Durchschnittslinie beider Ebenen gibt somit die Fortpflanzungsrichtung des Lichtes an. Wir begreifen jetzt, daß sich auch, wie es Franz Neumann (Bd. II, § 23) getan hat, eine Theorie des Lichtes entwickeln läßt, welche die Lichtschwingungen senkrecht zu jener Lage annimmt, die von Fresnel eingeführt worden ist. In der Neumannschen Theorie sind also die Lichtschwingungen identisch mit den magnetischen Schwingungen des Lichtstrahles. Man neigt heute wohl allgemein dazu, die elektrischen Schwingungen als jene anzunehmen, welche die optischen Erscheinungen bedingen.

Elektrische Kräfte addieren sich nach dem Satz vom Kräfteparallelogramm, desgleichen die magnetischen Kräfte. Treffen somit mehrere Wellenzüge gleichzeitig auf einen Punkt, so werden sich die einzelnen Kräfte geometrisch addieren, oder, wie man zu sagen pflegt, die Wellen superponieren sich. Es müssen die Wellen somit auch ungestört durcheinander hindurchgehen, gerade so wie es Schallwellen tun.

Denken wir uns nun einen Erreger elektrischer Wellen, welcher imstande ist, nach allen möglichen Richtungen Wellen auszusenden, deren Schwingungsebenen wieder alle möglichen Lagen haben können, so haben wir den Typus einer natürlichen Lichtquelle. Fassen wir, von der Lichtquelle ausgehend, eine bestimmte Richtung ins Auge, so wird damit ein Lichtstrahl fixiert sein, welcher nicht nur eine Schwingungsebene besitzt, sondern eine außerordentlich große Zahl, die sich alle im Lichtstrahl schneiden, untereinander aber alle möglichen Winkel einschließen. Auf diese Weise gehen gewöhnlich die Lichtschwingungen in den Lichtstrahlen vor sich. Man nennt daher derartige Strahlen „natürliches Licht".

§ 15. **Interferenz.**

Aus dem Zusammenwirken mehrerer Wellenzüge in einem Punkt gehen jene Erscheinungen hervor, welche man mit dem Namen „Interferenzerscheinungen" zu bezeichnen pflegt. Wir wollen speziell zwei Strahlen in Betracht ziehen, welche dieselbe Schwingungsebene besitzen. Die Wirkung des einen sei für einen gegebenen

Punkt — wir können etwa wieder den Ursprung eines Koordinatensystems also $x = 0$ annehmen —

$$E = E_0 \cos \frac{2\pi}{\tau} t\,, \qquad M = M_0 \cos \frac{2\pi}{\tau} t\,.$$

Die des zweiten sei

$$E' = E_0' \cos \frac{2\pi}{\tau} (t - \delta)\,, \qquad M' = M_0' \cos \frac{2\pi}{\tau} (t - \delta)\,,$$

wobei durch δ die Phasenverschiebung zur ersten Schwingung gegeben ist. Ziehen wir vorerst die elektrische Schwingung in Betracht, so haben wir als Resultat der Superposition der Wellen

$$E + E' = E_0 \cos \frac{2\pi}{\tau} t + E_0' \cos \frac{2\pi}{\tau} (t - \delta)$$

$$= E_0 \cos \frac{2\pi}{\tau} t + E_0' \left(\cos \frac{2\pi t}{\tau} \cos \frac{2\pi\delta}{\tau} + \sin \frac{2\pi t}{\tau} \sin \frac{2\pi\delta}{\tau} \right)$$

$$= \left(E_0 + E_0' \cos \frac{2\pi\delta}{\tau} \right) \cos \frac{2\pi t}{\tau} + E_0' \sin \frac{2\pi\delta}{\tau} \sin \frac{2\pi t}{\tau}\,.$$

Dies ist, wie man leicht zeigen kann, wiederum eine einfache harmonische Schwingung; denn wenn wir

$$(17) \qquad E_0 + E_0' \cos \frac{2\pi\delta}{\tau} = E_1 \cos \frac{2\pi\vartheta}{\tau}\,,$$

$$(18) \qquad E_0' \sin \frac{2\pi\delta}{\tau} = E_1 \sin \frac{2\pi\vartheta}{\tau}$$

setzen, so wird

$$E + E' = E_1 \cos \frac{2\pi\vartheta}{\tau} \cos \frac{2\pi t}{\tau} + E_1 \sin \frac{2\pi\vartheta}{\tau} \sin \frac{2\pi t}{\tau}$$

$$= E_1 \cos \frac{2\pi}{\tau} (t - \vartheta)\,.$$

Die Amplitüde E_1 der resultierenden Schwingung finden wir, indem wir die Gleichungen (17) und (18) quadrieren und addieren. Wir erhalten so

$$E_1^2 = \left(E_0 + E_0' \cos\frac{2\pi\delta}{\tau}\right)^2 + \left(E_0' \sin\frac{2\pi\delta}{\tau}\right)^2 .$$

Die Größe ϑ können wir finden, wenn wir (18) durch (17) dividieren. Es ergibt dies

$$\operatorname{tg}\frac{2\pi\vartheta}{\tau} = \frac{E_0' \sin\frac{2\pi\delta}{\tau}}{E_0 + E_0' \cos\frac{2\pi\delta}{\tau}} .$$

Die Größe der Amplitüde ist nun bei optischen Erscheinungen von außerordentlicher Bedeutung, weil ja davon die Intensität des Lichtes abhängt. Haben unsere Wellenzüge gar keinen Phasenunterschied, ist also $\delta = 0$ — selbstverständlich wiederholt sich dasselbe für $\frac{2\pi\delta}{\tau} = 2\pi,\ 4\pi$, usw. oder $\delta = \tau,\ 2\tau \ldots$ —, so ist

$$\cos\frac{2\pi\delta}{\tau} = 1 , \quad \sin\frac{2\pi\delta}{\tau} = 0 ,$$

und es wird

$$E_1^2 = (E_0 + E_0')^2 ,$$

oder

$$E_1 = E_0 + E_0' .$$

Das heißt, die Amplitüden addieren sich einfach, es ergibt sich eine Schwingung von größerer Intensität, als sie jede einzelne Schwingung besitzt.

Wird $\delta = \frac{\tau}{4}$, so ist

$$\cos\frac{2\pi\delta}{\tau} = \cos\frac{\pi}{2} = 0 , \quad \sin\frac{2\pi\delta}{\tau} = 1 .$$

Dann wird

$$E_1^2 = E_0^2 + E_0'^2 .$$

In diesem Falle ist die resultierende Amplitüde ebenfalls größer als jede einzelne, aber sie ist kleiner, als wenn keine Phasendifferenz vorhanden ist.

Lassen wir nun $\delta = \frac{\tau}{2}$ werden, so ist

$$\cos\frac{2\pi\delta}{\tau} = \cos\pi = -1 , \quad \sin\frac{2\pi\delta}{\tau} = 0 ,$$

und es wird

$$E_1^2 = (E_0 - E_0')^2 \quad \text{oder} \quad E_1 = E_0 - E_0' .$$

In diesem Falle ist die Amplitüde also immer kleiner als die größere der Komponenten. Ist $E_0 = E_0'$, so haben wir $E_1 = 0$, d. h., wir haben in diesem Falle überhaupt keine elektrischen Schwingungen mehr vor uns. Es können sich also zwei gleich große Schwingungen in ihrer Wirkung vollkommen aufheben.

Wird δ größer als $\frac{\tau}{2}$, so erhalten wir wieder eine endliche resultierende Amplitüde, welche mit wachsendem δ ebenfalls wächst, bis für $\delta = \tau$ derselbe Zustand erreicht ist, den wir für $\delta = 0$ hatten.

Für die Interferenz der magnetischen Wellen gilt natürlich genau dasselbe wie für die elektrischen. Es ist somit die resultierende elektromagnetische Welle ihrer Zusammensetzung nach genau so gebaut wie jede Einzelwelle.

Dieser einfache Fall der Interferenz ist die Ursache einer großen Anzahl optischer Erscheinungen (Bd. II, § 15—22). Wenn wir auch nie zwei einzelne Lichtstrahlen, wie sie hier beschrieben worden sind, isolieren können, so basieren doch alle Interferenzerscheinungen des natürlichen Lichtes auf diesem einfachen Fall. Dieselben kommen nämlich immer so zustande, daß die Wellenfläche, welche ja für jede Schwingung über den ganzen Querschnitt des in Betracht kommenden Lichtbündels erstreckt gedacht werden muß, geteilt wird, so daß zwei Wellenzüge verschiedener Länge gebildet werden, die man sodann zu einem einzigen Zug vereinigt. In diesem neuen Wellenzug finden sich nun, so vielerlei Schwingungsarten von der verschiedensten Dauer und Richtung auch vorkommen mögen, immer je zwei zusammen, die gleichartig sind und nur durch die Phasendifferenz sich voneinander unterscheiden. Es sind das immer jene, welche durch Teilung aus ein und derselben Welle entstanden sind. Diese zwei zusammengehörigen Wellen bilden aber immer eine neue, deren Intensität so, wie oben auseinander gesetzt wurde, von der jeweiligen Phasenverschiebung abhängt.

Benutzen wir weißes natürliches Licht, etwa Sonnenlicht, zur Herstellung der Interferenzerscheinungen, so werden im allgemeinen die verschiedenen Farben des Sonnenlichtes verschiedene Phasenverschiebungen erfahren und infolgedessen nach der Interferenz mit relativ verschiedener Amplitüde, also auch relativ verschiedener Intensität auftreten. Die Folge davon wird sein, daß gewisse Farben durch ihre Intensität überwiegen und so farbige Erscheinungen hervorrufen, wie sie z. B. bei den Farben dünner Blättchen, bei der Beugung des Lichtes, beim Fresnelschen Spiegelversuch usw. auftreten.

Die Superposition der Wellen ist für die Theorie deshalb außerordentlich wichtig, weil sie uns ermöglicht, immer mit der Untersuchung eines einzelnen Wellenzuges auszureichen, um alle Erscheinungen eines so überaus komplizierten Gebildes, wie es ein natürliches Lichtstrahlenbündel darstellt, interpretieren zu können.

§ 16. Elliptisch und zirkular polarisiertes Licht.

Wir denken uns zwei linear polarisierte Lichtstrahlen, deren Schwingungsebenen aufeinander senkrecht stehen. Und zwar sollen die elektrischen Schwingungen des einen Strahles parallel zur y-Achse, die des andern parallel zur z-Achse eines rechtwinkligen Koordinatensystems erfolgen. Der eine ist also gegeben durch die Gleichungen

$$Y = Y_0 \cos 2\pi\left(\frac{x}{\lambda} - \frac{t}{\tau}\right),$$

$$\gamma = \gamma_0 \cos 2\pi\left(\frac{x}{\lambda} - \frac{t}{\tau}\right),$$

der andere durch

$$Z = Z_0 \cos 2\pi\left(\frac{x+\xi}{\lambda} - \frac{t}{\tau}\right),$$

$$\beta = -\beta_0 \cos 2\pi\left(\frac{x+\xi}{\lambda} - \frac{t}{\tau}\right).$$

Beide Lichtstrahlen sind also parallel zur x-Achse (Fig. 2) gerichtet, haben dieselbe Schwingungsdauer τ, mithin auch

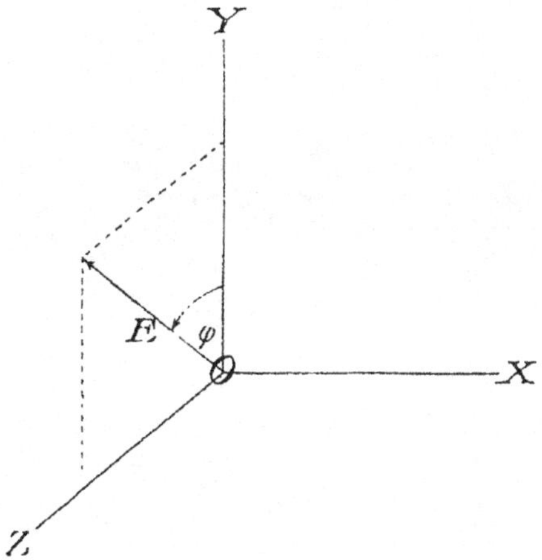

Fig. 2.

dieselbe Wellenlänge λ. Wir wissen, daß, wenn wir eine elektrische Schwingung parallel zur y-Achse haben, gleichzeitig eine magnetische parallel zur z-Achse vorhanden ist. Dementsprechend wurden die Gleichungen für den ersten Strahl gewählt.

Denken wir uns nun den ganzen Vorgang von der (x, y)-Ebene in die (x, z)-Ebene übertragen, so erfolgt die elektrische Schwingung parallel zur z-Achse und die magnetische muß dann parallel zur negativen y-Achse vor sich gehen. Daher mußten wir beim zweiten Strahle der magnetischen Schwingung das negative Vorzeichen geben. Übrigens ergibt sich die Richtigkeit der oben aufgestellten Gleichungen ohne weiteres durch Einsetzen derselben in die Gleichungen (5) und (6).

Wir haben ferner eine Phasenverschiebung zwischen unseren beiden Strahlen angenommen, derart, daß der zweite Strahl mit seiner zu jener des ersten Strahles gleichen Phase um $\frac{\xi}{\lambda}$ Wellenlängen zurückliegt, oder, was dasselbe ist, er erreicht im selben Punkt erst um $\frac{\delta}{\tau}$ Schwingungsdauern später dieselbe Phase wie der erste Strahl, wenn wir $\frac{\delta}{\tau} = \frac{\xi}{\lambda}$ setzen. In der Tat erhalten wir für Z und β dieselben Gleichungen, wenn wir, anstatt x um ξ zu vermehren, t um δ vermindern.

Wenn wir nun einen Querschnitt des Strahlenbündels senkrecht zu seiner Fortpflanzungsrichtung, also parallel zur (y, z)-Ebene ins Auge fassen, so haben wir zu jeder Zeit daselbst eine elektromotorische Kraft parallel zur y-Achse und eine parallel zur z-Achse, die sich nach dem Kräfteparallelogramm zusammensetzen. Dies ergibt eine elektromotorische Kraft, die in der (y, z)-Ebene beständig ihre Größe und Richtung ändert, doch in der Art, daß sie nach Verlauf der Zeit τ immer wieder dieselbe Lage und Größe erreicht, also auch eine periodische Bewegung vollführt.

Wir wollen die weitere Untersuchung auf den Fall beschränken, daß $\xi = \frac{\lambda}{4}$ ist. Wir nehmen also eine Phasenverschiebung von $^1/_4$ Wellenlänge an. Ferner wollen wir als Ebene, in welcher wir die elektromotorischen Vorgänge betrachten, die (y, z)-Ebene selbst wählen, da sich in jeder zu ihr parallelen ja dasselbe, nur zu einer anderen Zeit ereignet. Wir werden also in den eingangs aufgestellten Gleichungen $x = 0$ und $\xi = \frac{\lambda}{4}$ setzen. Es unterscheidet sich somit das Argument des Kosinus für die zweite Schwingung von jenem der ersten dadurch, daß es um $\dfrac{2\pi \cdot \frac{\lambda}{4}}{\lambda} = \dfrac{\pi}{2}$ größer ist, so daß also

$$\cos 2\pi\left(\frac{x+\xi}{\lambda} - \frac{t}{\tau}\right) = -\sin 2\pi\left(\frac{x}{\lambda} - \frac{t}{\tau}\right)$$

gesetzt werden kann. Unsere Gleichungen werden somit

$$Y = Y_0 \cos\frac{2\pi t}{\tau},$$

$$\gamma = \gamma_0 \cos\frac{2\pi t}{\tau},$$

$$Z = Z_0 \sin\frac{2\pi t}{\tau},$$

$$\beta = -\beta_0 \sin\frac{2\pi t}{\tau}.$$

Die Gleichungen für die elektromotorischen Kräfte können wir auch schreiben

$$(19) \qquad \frac{Y}{Y_0} = \cos\frac{2\pi t}{\tau}, \qquad \frac{Z}{Z_0} = \sin\frac{2\pi t}{\tau}.$$

Quadrieren und addieren wir diese beiden Gleichungen, so erhalten wir

$$(20) \qquad \frac{Y^2}{Y_0^2} + \frac{Z^2}{Z_0^2} = 1.$$

Falls wir Y und Z als Koordinaten eines ebenen rechtwinkligen Koordinatensystems auffassen, haben wir hier die Gleichung einer Ellipse, welche besagt, daß der Vektor der elektromotorischen Kraft im Laufe der Zeit Lagen und Größen annimmt, welche durch Gleichung (20) bestimmt sind.

Wie die einzelnen Lagen der Zeit nach folgen, erkennen wir sofort, wenn wir Z durch Y dividieren. Wir erhalten so die Tangente des Winkels φ (Fig. 2), welchen der Vektor der elektromotorischen Kraft mit der y-Achse einschließt. Es ist somit

$$(21) \qquad \operatorname{tg}\varphi = \frac{Z}{Y} = \frac{Z_0}{Y_0} \operatorname{tg}\frac{2\pi t}{\tau}.$$

Der Winkel φ wächst also beständig mit der Zeit, aber nicht gleichförmig. Wir haben ein rotierendes elektrisches Feld, das sich aber nicht gleichförmig bewegt. Wir könnten es in der Sprache der Technik ein pulsierendes elektrisches Drehfeld nennen.

Wird
$$Y_0 = Z_0 ,$$
so wird die Gleichung (20) die Gleichung eines Kreises, die Gleichung (21) ergibt
$$\operatorname{tg} \varphi = \operatorname{tg} \frac{2 \pi t}{\tau} .$$

In diesem Fall haben wir ein elektrisches Feld von der Intensität Y_0, welches mit konstanter Geschwindigkeit rotiert, da der Winkel $\varphi = \frac{2 \pi t}{\tau}$ gleichförmig mit der Zeit wächst. Genau denselben Vorgang befolgen natürlich die magnetischen Kräfte. Wir haben also im letzten Fall ein vollkommenes elektromagnetisches Drehfeld. Licht von derartigen Eigenschaften nennen wir „zirkular polarisiert". Ist jedoch Y_0 von Z_0 verschieden, so haben wir es mit elliptisch polarisiertem Licht zu tun. Licht von der Schwingungszahl 500 Billionen erzeugt bei der Zirkularpolarisation ein Drehfeld von der Tourenzahl 500 Billionen.

Betrachten wir zu einem bestimmten Zeitpunkt den elektrischen Zustand längs des Lichtstrahles, also etwa zur Zeit $t = 0$, so wird
$$Y = Y_0 \cos \frac{2 \pi x}{\lambda} , \qquad Z = Z_0 \sin \frac{2 \pi x}{\lambda} ,$$
Es wird
$$\operatorname{tg} \varphi = \frac{Z}{Y} = \frac{Z_0}{Y_0} \operatorname{tg} \frac{2 \pi x}{\lambda} .$$

Der Vektor der elektromotorischen Kraft E beschreibt also mit fortschreitender Abszisse eine Art Schraubenlinie, deren Projektion auf die (y, z)-Ebene eine Ellipse ist. Betrachten wir von der positiven x-Achse aus den vorwärtsschreitenden Vektor, so dreht er sich im Sinne der Uhrzeigerbewegung, also entgegengesetzt der Drehung, die der Vektor in der (y, z)-Ebene mit fortschreitender Zeit macht. Ist wieder $Y_0 = Z_0$, so erhalten wir eine gewöhnliche Schraubenlinie, deren Ganghöhe gleich einer Wellenlänge ist.

§ 17. Huygenssches Prinzip — Beugung des Lichtes.

Bereits im § 12 haben wir erfahren, daß sich elektromagnetische Veränderungen, die auf kleinem Raume vor sich gehen, in Kugelwellen fortpflanzen. Ferner wissen wir aus § 11, daß die elektromotorische Kraft, sowie die magnetische Induktion senkrecht zur Fortpflanzungsrichtung steht. Haben wir demnach im Erreger eine bestimmte Richtung der elektromotorischen Kraft, so wird bezüglich der Fortpflanzung nur jene Komponente derselben in Rechnung kommen, welche senkrecht zur Fortpflanzungsrichtung wirkt. Denken wir uns somit durch den Erreger in der Richtung der elektromotorischen Kraft einen Durchmesser der Kugelwelle gezogen und nennen die Endpunkte desselben die Pole der Kugel, so finden auf derselben die elektrischen Schwingungen in der Richtung der Meridiane statt und ihre Amplitüde ist immer proportional dem Sinus des Winkels, welchen die Richtung des Strahles mit dem Pole einschließt. Die magnetischen Schwingungen stehen senkrecht zu den elektrischen, finden also in den Parallelkreisen statt und ihre Amplitüde ist natürlich immer proportional der Amplitüde der elektrischen Schwingung im selben Punkte. Wir können dies auch so ausdrücken: Die Amplitüde der elektrischen und magnetischen Schwingungen ist am Äquator der Kugelwelle am größten und nimmt gegen die Pole mit dem Kosinus der jeweiligen Breite ab.

Haben wir nun eine ebene Welle, so können wir zu einem gegebenen Zeitpunkte jeden Punkt der Welle als Erreger einer derartigen Kugelwelle auffassen. Suchen wir nach Verlauf einer bestimmten Zeit die gemeinschaftliche Umhüllende aller dieser Kugelwellen auf, so erhalten wir wieder eine ebene Welle, welche mit der wirklich vorhandenen Welle identisch ist. Darin besteht aber das Huygenssche Prinzip, welches besagt: „Einen jeden Punkt einer Welle kann man als Erregungspunkt neuer Wellen betrachten. Die gemeinschaftliche Umhüllende dieser Wellen, der Elementarwellen, stellt die wirkliche Welle, die Hauptwelle dar.“ (Bd. II, § 12.)

Die Beugungserscheinungen des Lichtes werden alle unter Annahme der Gültigkeit des Huygensschen Prinzips, und daß das Licht eine harmonische Wellenbewegung sei, abgeleitet. Welche Art von Wellen wir dabei vor uns haben, ist ganz gleichgültig. Die Beugungserscheinungen würden der Hauptsache nach ebensogut durch longitudinale wie durch transversale Wellen hervorgerufen. Wir erhalten daher auch genau dieselben Resultate, wenn wir den Lichtwellen elektromagnetische Natur zuerkennen. Wir können daher an dieser Stelle uns begnügen, auf die §§ 19—22 des II. Bandes hinzuweisen.

§ 18. **Reflexion und Brechung.**

Die Anwendung des Huygensschen Prinzips auf elektromagnetische Wellen ermöglicht uns auch ohne weiteres, für dieselben das Reflexions- und Brechungsgesetz abzuleiten (Bd. II, § 12). Wir gelangen also auch hier in keinen Widerspruch mit der Erfahrung, wenn wir Lichtwellen und elektromagnetische identifizieren. Bezeichnen wir den Einfallswinkel mit α, den Brechungswinkel mit β, so gilt bekanntlich

$$\frac{\sin\alpha}{\sin\beta} = n,$$

wobei wir n den Brechungsexponenten nennen. Es ist ferner

$$n = \frac{a}{a'},$$

wenn a die Geschwindigkeit des Lichtes im ersten, a' jene im zweiten Medium ist. Dasselbe gilt auch für elektromagnetische Wellen. Nun haben wir aber im § 11 gefunden, daß

$$a = \frac{V}{\sqrt{K\mu}}$$

ist. Analog wird die Geschwindigkeit der elektromagnetischen Wellen im zweiten Medium sich darstellen lassen durch

$$a' = \frac{V}{\sqrt{K'\mu'}},$$

wobei also K' und μ' die Dielektrizitätskonstante bzw. magnetische Induktionskonstante für das zweite Medium ist. Daraus erhalten wir weiter

$$n = \frac{a}{a'} = \sqrt{\frac{K'\mu'}{K\mu}}.$$

Gewöhnlich bestimmt man die Brechungsexponenten zwischen atmosphärischer Luft und einem anderen durchsichtigen Körper. Für Luft ist aber sowohl die Dielektrizitäts- als auch die magnetische Induktionskonstante so wenig von Eins verschieden, daß wir immer

$$K = \mu = 1$$

setzen können. Desgleichen können wir für alle uns bekannten durchsichtigen Körper $\mu' = 1$ annehmen. Somit bleibt

$$n = \sqrt{K'} \quad \text{oder} \quad n^2 = K'.$$

Es ist also die Dielektrizitätskonstante eines Körpers immer gleich dem Quadrat seines Brechungsexponenten. Diese Folgerung ist der experimentellen Prüfung ohne weiteres zugänglich, und sie hat sich tatsächlich für eine große Zahl von Isolatoren bestätigt.

Das war neben dem Umstande, daß das Verhältnis der Maßzahlen einer Elektrizitätsmenge, wenn sie einmal im elektrostatischen, das andere Mal im elektromagnetischen Maßsystem (§ 8) gemessen wird, gleich der Lichtgeschwindigkeit ist, für J. Cl. Maxwell der Hauptstützpunkt zur Begründung der elektromagnetischen Lichttheorie.

§ 19. Polarisation des Lichtes durch Reflexion und Brechung — Elektrische Schwingungen senkrecht zur Einfallsebene.

Die (x, z)-Ebene eines rechtwinkligen Koordinatensystems (Fig. 3) sei die Trennungsebene zwischen Luft und Glas. Ein Lichtstrahl SO treffe in O die Glasfläche. Dort wird er teilweise nach R reflektiert, teilweise nach B gebrochen. Haben wir es mit natürlichem Lichte zu tun, so finden die elektrischen und magnetischen Schwingungen im einfallenden Strahle parallel einer Ebene statt, welche senkrecht zu SO ist. Die Ebene, welche durch SOY bestimmt ist, nennen wir die Einfallsebene. Wir können nun jede dielektrische Polarisation, welche im einfallenden Strahle vorkommt, in zwei Komponenten zerlegen, deren eine senkrecht zur Einfallsebene, deren andere in der Einfallsebene liegt. Die zugehörigen Komponenten der magnetischen Induktion werden dann in bzw. senkrecht zur Einfallsebene liegen.

Nach der Reflexion bzw. Brechung wird die Amplitüde der elektrischen Schwingung im allgemeinen eine Änderung erfahren haben. Kennen wir nun die Änderung der Amplitüden der Komponenten, so können wir aus diesen die resultierende Schwingung wieder zusammensetzen, und erfahren so die wirkliche Änderung, welche der Lichtstrahl erfahren hat. Es ist uns also nur vonnöten, elektrische Schwingungen in der Einfallsebene und senkrecht zu ihr zu untersuchen. Wir wollen vorerst letztere in Betracht ziehen.

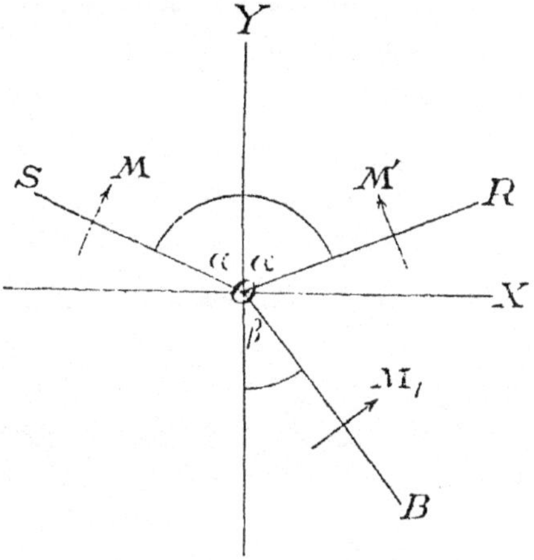

Fig. 3.

Haben wir einen Lichtstrahl, dessen elektrische Schwingungen senkrecht zur Einfallsebene stattfinden, so liegen die magnetischen in der Einfallsebene. Wir wollen die Amplitüde derselben mit M für den einfallenden Strahl bezeichnen, für den reflektierten sei sie M', für den gebrochenen M_1. Außerdem müssen wir eine bestimmte Richtung der magnetischen Induktion als positiv annehmen. Wir wollen dies im Sinne der in der Fig. 3 eingezeichneten Pfeile tun. Da die magnetische Induktionskonstante μ für Luft und Glas dieselbe, nämlich gleich Eins ist, so muß die magnetische Induktion an der Trennungsfläche, d. h. in der (x, z)-Ebene beim Übergang von Luft in Glas sich stetig ändern.

Es hat nun an der Trennungsebene M die Komponente $M \cos \alpha$, M' die Komponente $-M' \cos \alpha$ und M_1 die Komponente $M_1 \cos \beta$. Wir haben also in der Luft an der Trennungsebene die Komponente der magnetischen Induktion $M \cos \alpha - M' \cos \alpha$, im Glas $M_1 \cos \beta$, und es muß wegen der Kontinuität

$$M \cos \alpha - M' \cos \alpha = M_1 \cos \beta \tag{22}$$

sein. Gleicherweise sind die Komponenten senkrecht zur Trennungsebene $M \sin \alpha$, $M' \sin \alpha$, $M_1 \sin \beta$, und es muß die Beziehung bestehen

$$M \sin \alpha + M' \sin \alpha = M_1 \sin \beta . \tag{23}$$

Nennen wir die zu den magnetischen Amplitüden M, M' und M_1 gehörigen elektrischen E, E' und E_1, so folgt nach § 11, daß an der Trennungsebene die elektrischen Schwingungen ganz in die (x, z)-Ebene hineinfallen und senkrecht zur (x, y)-Ebene stehen. Die zu M, M' und M_1 gehörige Richtung der Amplitüde der elektrischen Schwingung geht jedoch bei unserer Figur in die Bildebene hinein und zwar sowohl für E als auch für E' und E_1. In diesem Falle müssen sich beim Übergang von Luft in Glas die elektrischen Kräfte ebenfalls kontinuierlich ändern. Es muß somit

$$E + E' = E_1 \tag{24}$$

sein.

In § 13 haben wir nun kennen gelernt, daß, wenn wir eine elektrische Welle

$$E = E_0 \cos 2\pi \left(\frac{x}{\lambda} - \frac{t}{\tau} \right)$$

haben, die dazu gehörige magnetische Welle durch

$$M = \frac{E_0 K \lambda}{V \tau} \cos 2\pi \left(\frac{x}{\lambda} - \frac{t}{\tau}\right)$$

gegeben ist. Es besteht somit zwischen der magnetischen Amplitüde M_0 und der elektrischen E_0 die Beziehung

(25) $$M_0 = \frac{E_0 K \lambda}{V \tau}.$$

Dabei ist λ die Wellenlänge des Lichtes in dem Medium von der Dielektrizitätskonstanten K. Ist die Lichtgeschwindigkeit daselbst a, so besteht demnach zwischen der Wellenlänge λ und der Schwingungsdauer τ die Beziehung $\lambda = a\tau$ (§ 13). Führen wir dies in die Gleichung (25) ein, so wird

$$M_0 = \frac{E_0 K a \tau}{V \tau}.$$

Nun ist aber $\frac{V}{a} = n$ nichts anderes als der Brechungsexponent des Glases und die Dielektrizitätskonstante $K = n^2$. Demnach ist

(26) $$M_0 = \frac{E_0 n^2}{n} = n E_0.$$

Diese Beziehung besteht nach unserer Ableitung bei elektromagnetischen Wellen, welche sich in einem Medium vom Brechungsexponenten n bewegen. Ist dieses Medium Luft, so haben wir $n = 1$ zu setzen. Für die Amplitüden M, M' und M_1 der magnetischen Schwingungen und E, E', E_1 der elektrischen erhalten wir somit nach Gleichung (26)

$$M = E, \quad M' = E', \quad M_1 = n E_1.$$

Danach können wir Gleichung (24) auch schreiben

$$M + M' = \frac{M_1}{n};$$

oder, da $n = \frac{\sin\alpha}{\sin\beta}$,

$$M + M' = M_1 \frac{\sin\beta}{\sin\alpha}$$

oder

$$M \sin\alpha + M' \sin\alpha = M_1 \sin\beta .$$

Das ist aber die Gleichung (23). Folglich sagen die Gleichungen (23) und (24) ein und dasselbe aus.

Die Gleichung (22) können wir schreiben

$$E\cos\alpha - E'\cos\alpha = n E_1 \cos\beta = E_1 \frac{\sin\alpha\cos\beta}{\sin\beta}$$

oder

$$(E - E')\cos\alpha\sin\beta = (E + E')\sin\alpha\cos\beta .$$

Dies läßt sich weiter umwandeln in

$$E(\cos\alpha\sin\beta - \sin\alpha\cos\beta) = E\sin(\beta - \alpha) = E'\sin(\alpha + \beta),$$

$$(27) \qquad E' = -E\frac{\sin(\alpha - \beta)}{\sin(\alpha + \beta)} .$$

„Es kehrt sich also die Amplitüde im reflektierten Lichte um.“

Für die Amplitüde im gebrochenen Strahl finden wir auf ähnliche Weise, indem wir in unseren Gleichungen $E' = E_1 - E$ setzen,

$$(28) \qquad E_1 = E\frac{2\cos\alpha\sin\beta}{\sin(\alpha + \beta)} .$$

§ 20. Magnetische Schwingungen senkrecht zur Einfallsebene.

Denken wir uns in Fig. 3 die magnetischen Schwingungen senkrecht zur Einfallsebene gegen den Beschauer gerichtet, so nehmen die elektrischen die durch die Pfeile gegebenen Richtungen an. Wenn wir nun die Gleichungen der Kontinuität entwickeln wollen, so ist sie für die magnetischen Kräfte beim Übergang von Luft in Glas wiederum bedingungslos vorhanden, weil die magnetische Induktionskonstante in beiden Mitteln gleich Eins ist. Wir erhalten sonach die Gleichung

$$M + M' = M_1 \,. \tag{29}$$

Was jedoch die elektrischen Kräfte anbelangt, so braucht Kontinuität nur für die Komponenten, die in die (x, z)-Ebene fallen, vorhanden zu sein, indem durch die Komponenten senkrecht zur (x, z)-Ebene in dieser auch freie Elektrizität hervorgerufen wird. Hat dieselbe die Dichte σ, so gehen von der Flächeneinheit $4\pi\sigma$ Kraftlinien aus (§ 2). Da nun die Kräfte durch die Dichte der Kraftlinien gemessen werden, so herrscht beim Übergang von Glas in Luft keine Kontinuität zwischen den Komponenten der elektrischen Kräfte parallel zur y-Achse, sondern ihr Unterschied wird immer $4\pi\sigma$ betragen. Wir haben also neben der Gleichung (29) für die Kontinuität nur noch die elektrischen Schwingungen zu betrachten, welche in die Trennungsebene fallen. Dieselben sind nach Fig. 3

$$E\cos\alpha - E'\cos\alpha = E_1\cos\beta \,. \tag{30}$$

Da wir auch im jetzigen Falle wieder die Beziehungen

$$M = E\,, \qquad M' = E'\,, \qquad M_1 = n\,E_1$$

(§ 19) haben, so können wir Gleichung (29) auch

$$E + E' = n E_1$$

oder wegen $n = \frac{\sin\alpha}{\sin\beta}$

(31) $$E \sin\beta + E' \sin\beta = E_1 \sin\alpha$$

schreiben.

Aus den Gleichungen (30) und (31) lassen sich nun wieder leicht die Amplitüden E' des reflektierten und E_1 des gebrochenen Lichtes berechnen. „Wir multiplizieren die Gleichung (31) mit $\cos\beta$, hingegen die Gleichung (30) mit $\sin\alpha$ und subtrahieren beide voneinander. Es bleibt dann

$$(E + E') \sin\beta \cos\beta - (E - E') \sin\alpha \cos\alpha = 0\,,$$

woraus weiter folgt

$$E' = E \frac{\sin 2\alpha - \sin 2\beta}{\sin 2\alpha + \sin 2\beta} = E \frac{\cos(\alpha + \beta) \sin(\alpha - \beta)}{\sin(\alpha + \beta) \cos(\alpha - \beta)}\,.$$

Wir erhalten sonach für die Amplitüde" der reflektierten elektrischen Wellen

(32) $$E' = E \frac{\operatorname{tg}(\alpha - \beta)}{\operatorname{tg}(\alpha + \beta)}\,.$$

„Ferner findet sich für die entsprechende Amplitüde des gebrochenen Strahles aus den Gleichungen (30) und (31) leicht

(33) $$\begin{cases} E_1 = E \dfrac{4 \cos\alpha \sin\beta}{\sin 2\alpha + \sin 2\beta} \\ \quad\; = E \dfrac{2 \cos\alpha \sin\beta}{\sin(\alpha + \beta) \cos(\alpha - \beta)}\,. \text{“} \end{cases}$$

Die Gleichungen (27), (28), (32) und (33) entsprechen nun genau den von Fresnel gefundenen Beziehungen (Bd. II, § 23). Um Übereinstimmung unter den von ihm aufgestellten Gleichungen zu erzielen, sah sich Fresnel genötigt, eine derselben als unrichtig hinzustellen. Es ist nun staunenswert, daß er dafür gerade jene annahm, welche nach der elektromagnetischen Lichttheorie tatsächlich keine Kontinuitätsgleichung ist. Andererseits wird durch die Maxwellsche Theorie Fresnels kühner Griff in wunderbarer Weise gerechtfertigt.

Alle Folgerungen der Fresnelschen Theorie gelten nun ohne weiteres, wenn wir die elektrischen Schwingungen mit den Lichtschwingungen identifizieren. Aber auch die F. Neumannsche Theorie (Bd. II, § 23) umfaßt die elektromagnetische Lichttheorie, da die neben den elektrischen stets vorhandenen magnetischen Schwingungen den Neumannschen Formeln folgen.

Wir gewinnen nun leicht aus den von uns abgeleiteten Gleichungen alle jene Erscheinungen, welche bereits von Fresnel und anderen für die Polarisation des natürlichen Lichtes bei der Spiegelung und Brechung abgeleitet worden sind. Wir können dies hier übergehen, nachdem wir bereits anderweitig (Bd. II, § 23) uns damit beschäftigt haben.

§ 21. Totale Reflexion — Elliptische Polarisation durch totale Reflexion.

Die Gleichungen (27), (28), (32) und (33) führen zu interessanten Resultaten, wenn wir den Gang des Lichtstrahles nicht von Luft in Glas, sondern umgekehrt von Glas in Luft verfolgen. Nennen wir die Geschwindigkeit des Lichtes in Luft bzw. Glas a und a', so folgt

$$\frac{\sin\alpha}{\sin\beta} = \frac{a}{a'},$$

wenn der Strahl von Luft in Glas geht, hingegen

$$\frac{\sin\alpha}{\sin\beta} = \frac{a'}{a}$$

beim umgekehrten Weg. Da nun $a > a'$ ist, so können wir für $\sin\alpha$ auch Werte wählen, nach welchen $\sin\beta > 1$ werden müßte. In diesem Fall kann das Brechungsgesetz keinen Sinn mehr haben. In der Tat zeigt die Erfahrung, daß wir dann Totalreflexion des Lichtes erhalten. Gleichzeitig erleiden die elektrischen Schwingungen senkrecht zur Einfallsebene zu jenen in der Einfallsebene eine Phasenverschiebung, welche vom Einfallswinkel abhängig ist. Man kann nun letzteren so wählen, daß die Phasenverschiebung der beiden Komponenten $^1/_4$ Schwingungsdauer beträgt, was die Erzeugung elliptisch oder zirkular polarisierten Lichtes zur Folge hat. In welcher Weise die von uns erhaltenen Formeln für die Reflexion und Brechung zu handhaben sind, damit sie auch auf die Totalreflexion Anwendung finden können, hat ebenfalls schon Fresnel gezeigt. Wir wollen diesbezüglich wieder auf Bd. II, § 28 und 29 verweisen.

§ 22. Farben dünner Blättchen.

„Von dem leuchtenden Punkte S (Fig. 4) falle ein Strahl SA auf die planparallele Platte PP'. Im Punkte A werde er teilweise nach C reflektiert, teilweise nach B gebrochen. Dort findet ebenfalls Reflexion und Brechung statt; ein Teil geht nach E, der andere nach A', und das geht so fort, so daß eine Reihe von Strahlen nach oben, eine andere nach unten von der Platte weggeht. Das Auge wird daher sowohl von oben als von unten in der Platte Interferenzerscheinungen der nebeneinander verlaufenden Strahlen sehen können, welche man mit dem Namen ‚Farben dünner Blättchen' belegt."

Der einfallende Strahl sei natürliches Licht. Wir denken uns die Schwingungen in ihre Komponenten parallel und senkrecht zur Einfallsebene zerlegt und wollen vorerst den Fall untersuchen, daß die elektrischen Schwingungen senkrecht zur Einfallsebene stehen. Der Brechungsexponent zwischen Luft

und Platte sei n, beim Gang von der Platte in die Luft also $\frac{1}{n}$.
In A sei der Schwingungszustand der einfallenden Welle

$$E = E_0 \sin \frac{2\pi t}{\tau}.$$

Die Fortpflanzungsgeschwindigkeit sei außerhalb der Platte a innerhalb a'. Der Schwingungszustand in A wird nach der Zeit $\frac{AC}{a}$ in C sein, nur mit dem Unterschied, daß er dort

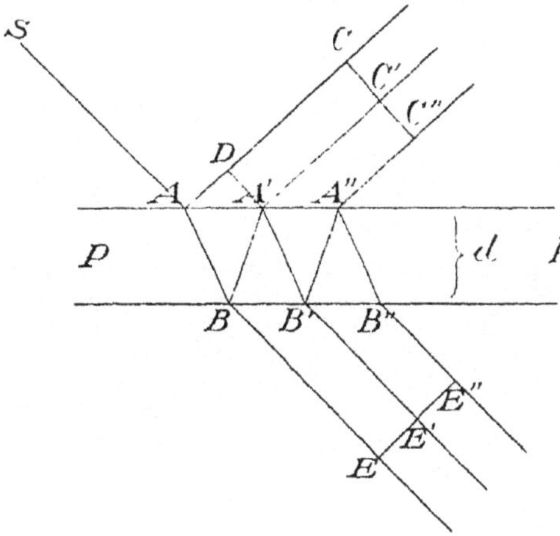

Fig. 4.

mit geringerer Stärke auftritt, da seine Amplitüde daselbst nach Gleichung (27) eine kleinere sein wird. Wir wollen die jeweilige elektromotorische Kraft daselbst mit E_1 bezeichnen, desgleichen in C' mit E_2, in C'' mit E_3 usw. Es ist also

$$E_1 = -\frac{\sin(\alpha - \beta)}{\sin(\alpha + \beta)} E_0 \sin \frac{2\pi}{\tau}\left(t - \frac{AC}{a}\right)$$

$$= -\alpha_1 E_0 \sin \frac{2\pi}{\tau}\left(t - \frac{AC}{a}\right).$$

Wir haben also

$$\frac{\sin(\alpha - \beta)}{\sin(\alpha + \beta)} = \alpha_1$$

gesetzt. In ähnlicher Weise können wir nun weiter schließen. Wir werden in C' den Zustand

$$E_2 = \frac{2 \cos\alpha \sin\beta}{\sin(\alpha + \beta)} \cdot \frac{\sin(\alpha - \beta)}{\sin(\alpha + \beta)}$$

$$\cdot \frac{2 \cos\beta \sin\alpha}{\sin(\alpha + \beta)} E_0 \sin \frac{2\pi}{\tau}\left(t - \frac{2AB}{a'} - \frac{A'C'}{a}\right)$$

$$= \beta_1 \alpha_1 \gamma_1 E_0 \sin \frac{2\pi}{\tau}\left(t - \frac{2AB}{a'} - \frac{A'C'}{a}\right)$$

haben. Dabei ist zu bemerken, daß

$$\frac{2 \cos\alpha \sin\beta}{\sin(\alpha + \beta)} = \beta_1$$

dem Lichtverlust bei der Brechung in A nach Gleichung (28) Rechnung trägt. Dasselbe ist mit α_1 bei der Reflexion in B und mit

$$\frac{2 \cos\beta \sin\alpha}{\sin(\alpha + \beta)} = \gamma_1$$

bei der Brechung in A' der Fall. Bei den letzteren Formeln ist noch zu erwähnen, daß die Winkel α und β zu vertauschen sind, da es sich hier ja nicht um den Gang des Lichtes von Luft in die Platte, sondern um den entgegengesetzten Verlauf handelt. Auf ganz dieselbe Weise finden wir nun weiter

$$E_3 = \beta_1 \alpha_1^3 \gamma_1 E_0 \sin \frac{2\pi}{\tau}\left(t - \frac{4AB}{a'} - \frac{A''C''}{a}\right).$$

Wollen wir nun den resultierenden Schwingungszustand kennen lernen, d. h. den Eindruck, den das reflektierte Licht wirklich auf das Auge macht, so haben wir die Summe $E_1 + E_2 + E_3 + \ldots$ zu bilden. Wir gelangen hier nun genau zu denselben Rechnungen, wie sie schon bei den älteren Lichttheorien zu finden sind. Auch sind die Resultate ganz dieselben. Man findet dies ausführlich im Bd. II, § 16.

Wie mit den elektrischen Schwingungen senkrecht zur zur Einfallsebene, können wir auch mit jenen in der Einfallsebene vorgehen, nur haben dann für die Reflexion und Brechung die Formeln (32) und (33) zu gelten Das hat zur Folge, daß das Resultat nicht genau dasselbe wird. Wir haben zwar für beide Komponenten der elektromotorischen Kraft unter denselben Bedingungen vollkommenes Verschwinden des Lichtes oder das Maximum der Amplitüde, aber während im einfallenden natürlichen Lichte die Amplitüden beider Komponenten einander gleich sind, ist das beim reflektierten nicht mehr der Fall. Es ist somit das reflektierte Licht mehr oder weniger polarisiert.

Auch für das durchgehende Licht lassen sich nach Analogie des bereits Gesagten leicht die entsprechenden Formeln aufstellen. Wir gelangen wiederum zu ähnlichen Formeln wie die älteren Theorien (Bd. II, § 16). Das durchgehende Licht ist ebenfalls teilweise polarisiert.

§ 23. Stehende Wellen.

Aus der Superposition der Wellen folgt, daß verschiedene Wellenzüge, welche durch einen Punkt hindurchgehen, sich in ihrer Wirkung einfach geometrisch addieren. Wir wollen zwei Wellenzüge voraussetzen. Der eine sei gegeben durch

$$Y_1 = Y_0 \cos 2\pi \left(\frac{t}{\tau} - \frac{x}{\lambda}\right),$$

der andere durch

$$Y_2 = Y_0 \cos 2\pi \left(\frac{t}{\tau} + \frac{x}{\lambda}\right).$$

Die erste Gleichung entspricht einem Wellenzuge, welcher sich parallel zur x-Achse und zwar nach der positiven Richtung derselben bewegt; die zweite stellt einen Wellenzug dar, der entgegengesetzt wandert (§ 13). Die elektromotorischen Kräfte wirken nur parallel zur y-Achse. Es ist in den Gleichungen (5) und (6)

$$X = Z = 0,$$

desgleichen

$$\alpha = \beta = 0 .$$

Für die resultierende elektromotorische Kraft parallel zur y-Achse erhalten wir

$$(34)\left\{\begin{aligned} Y = Y_1 + Y_2 &= Y_0\left[\cos 2\pi\left(\frac{t}{\tau} - \frac{x}{\lambda}\right) + \cos 2\pi\left(\frac{t}{\tau} + \frac{x}{\lambda}\right)\right] \\ &= 2\,Y_0 \cos\frac{2\pi x}{\lambda} \cos\frac{2\pi t}{\tau}, \end{aligned}\right.$$

wenn wir die bekannte Formel

$$\cos\alpha + \cos\beta = 2\cos\frac{\alpha+\beta}{2}\cos\frac{\alpha-\beta}{2}$$

benützen.

Unsere Gleichung stellt nichts anderes dar als eine sogenannte stehende elektromagnetische Welle. Es wird nämlich $Y = 0$ für $\frac{2\pi x}{\lambda} = \frac{\pi}{2}, \frac{3\pi}{2} \ldots \frac{(k+1)\pi}{2}$, wobei k eine beliebige ganze Zahl ist. Das heißt, wir haben in diesen Punkten gar keine Elektrizitätsbewegung. Wir nennen sie Knotenpunkte der elektrischen Schwingungen. Für $x = 0, \pi, 2\pi \ldots k\pi$ hingegen haben wir Maxima der elektrischen Schwingungen, sogenannte Schwingungsbäuche.

Aus den Gleichungen (6) und (34) folgt:

$$\frac{\mu}{V}\frac{\partial \gamma}{\partial t} = \frac{4\pi Y_0}{\lambda}\sin\frac{2\pi x}{\lambda}\cos\frac{2\pi t}{\tau}.$$

Wir haben also auch stehende magnetische Wellen, doch sind ihre Knoten und Bäuche gegen jene der elektrischen Wellen verschoben. Dort wo die elektrischen Wellen ihre Knoten haben, haben die magnetischen ihre Bäuche und vice versa. Es unterscheiden sich also die stehenden elektromagnetischen Wellen wesentlich von den fortschreitenden, indem diese keine Phasenverschiebung der elektrischen und magnetischen Schwingungen aufweisen (§ 13).

Zwei einander entgegenkommende Wellenzüge gleicher Wellenlänge können wir auf die Weise erhalten, daß wir einen Lichtstrahl senkrecht auf eine spiegelnde Fläche fallen lassen. Der reflektierte Strahl ist dann entgegengesetzt gerichtet dem einfallenden, und es muß zu Interferenzerscheinungen von der eben besprochenen Art kommen. Allerdings wissen wir aus den §§ 19 und 20, daß die Amplitüde des reflektierten Lichtes kleiner ist als jene des einfallenden. Nach Gleichung (27) ist die Amplitüde des reflektierten Lichtes, wenn die elektrischen Schwingungen senkrecht zur Einfallsebene erfolgen,

$$E' = -E\frac{\sin(\alpha-\beta)}{\sin(\alpha+\beta)}.$$

Finden die elektrischen Schwingungen jedoch in der Einfallsebene statt, so ist nach Gleichung (32)

$$E' = E\frac{\operatorname{tg}(\alpha-\beta)}{\operatorname{tg}(\alpha+\beta)}.$$

Fällt der Lichtstrahl senkrecht ein, so ist die Einfallsebene unbestimmt, da durch das Einfallslot unendlich viel Ebenen senkrecht zur spiegelnden Fläche gelegt werden können. Es müssen dann die Formeln für die Intensität des reflektierten Lichtes einander gleich werden. In der Tat ist bei senkrechter Inzidenz Einfalls- und Brechungswinkel unendlich klein, so daß Sinus, Tangente und Bogen eines Winkels einander gleich werden. Darnach werden unsere Formeln

$$E' = -E\frac{\alpha-\beta}{\alpha+\beta} \quad \text{und} \quad E' = E\frac{\alpha-\beta}{\alpha+\beta}.$$

Beide Formeln bedeuten tatsächlich dasselbe, weil nach Fig. 3 gleiche Vorzeichen für E' und E in unserer letzten Gleichung entgegengesetzt gerichtete Amplitüden bezeichnen. Wir können uns also auf die erste Formel beschränken. Da

$$\frac{\sin\alpha}{\sin\beta} = \frac{\alpha}{\beta} = n$$

oder $\alpha = n\beta$, so wird

$$E' = E\frac{n\beta - \beta}{n\beta + \beta} = E\frac{n-1}{n+1}.$$

Damit ist die Amplitüde E' des reflektierten Lichtes gegeben.

Für den Fall, daß n gegen Eins groß wird, können wir $\frac{n-1}{n+1} = 1$ setzen und es wird $E' = E$. Dann haben wir denselben Fall, welchen wir eingangs gerechnet haben. In vielen Fällen können wir für die Rechnung gute Leiter der Elektrizität, welche von Isolatoren umgeben sind, als Dielektrika von sehr großer Dielektrizitätskonstante, also auch von sehr großem Brechungsexponenten n auffassen. Wenn wir demnach einen Lichtstrahl an einer spiegelnden Metallfläche reflektieren lassen, so wird es zu stehenden Wellen in obigem Sinn kommen, wie es O. Wiener tatsächlich experimentell nachgewiesen hat.

Da nach unseren Formeln an der reflektierenden Wand die einfallende und die reflektierte elektrische Welle entgegengesetztes Vorzeichen haben, so muß an der Wand für die elektrischen Wellen ein Knoten, für die magnetischen ein Schwingungsbauch entstehen. Die photographische Aufnahme zeigt an der Wand den Knoten, so daß die photographische Wirkung des Lichtes den elektrischen Wellen zuzuschreiben ist. Da die physiologischen Wirkungen des Lichtes wohl durch chemische Wirkungen entstehen dürften, so können wir auch fürs Auge mit größter Wahrscheinlichkeit die elektrischen Schwingungen als die Erreger der Lichtempfindung ansehen. Es hat demnach in seiner Theorie der Polarisation bereits Fresnel den richtigen Vorgang geahnt.

Auch auf folgende Art können wir leicht zur Erkenntnis kommen, daß bei der senkrechten Reflexion einer elektromagnetischen Welle an einer Metallwand eine Phasenverschiebung zwischen elektrischer und magnetischer stehender Welle vorhanden sein muß. Trifft eine elektromagnetische Welle auf eine

Metallwand auf, so müssen sich dort alle elektrischen Spannungen wegen der guten Leitfähigkeit des Metalls sofort ausgleichen. Es werden also in der Metallwand elektrische Ströme, nicht aber erhebliche Spannungen auftreten. Die elektromotorischen Kräfte müssen daher daselbst einen Knoten haben. Infolge der elektrischen Ströme werden jedoch magnetische Kräfte, die senkrecht dazu stehen, wachgerufen, welche hier somit einen Schwingungsbauch bilden.

Auch für den Fall der Reflexion des Lichtes an schlechten oder Nichtleitern muß es zu stehenden Wellen kommen. Wir können uns die einfallende Welle von der Amplitüde E bestehend aus zwei Wellen gleicher Phase denken von den Amplitüden $E\frac{n-1}{n+1}$ und $E\frac{2}{n+1}$, indem ja

$$E\frac{n-1}{n+1}+E\frac{2}{n+1}=E$$

ist. Die reflektierte hat nach dem Früheren die Amplitüde $E\frac{n-1}{n+1}$. Sie wird also mit der einen einfallenden Welle stehende Wellen bilden, während außerdem eine fortschreitende Welle von der Amplitüde $\frac{2}{n+1}E$ vorhanden ist.

§ 24. Doppelbrechung.

Wir haben bisher den Gang des Lichtes in isotropen Körpern betrachtet. In solchen besitzt die Dielektrizitätskonstante nach allen Richtungen denselben Wert. Anders ist es in Kristallen. Wir wollen uns auf den Fall der sogenannten optisch einachsigen Kristalle beschränken. Dieselben haben die Eigenschaft, daß für eine bestimmte Richtung die Dielektrizitätskonstante einen ganz bestimmten Wert K_0, in allen Richtungen senkrecht dazu jedoch einen andern Wert K_1 besitzt. Von der magnetischen Induktionskonstanten wollen wir wieder, wie es tatsächlich auch bei allen durchsichtigen Kristallen der Fall ist, annehmen, daß sie gleich Eins gesetzt werden kann. In jene Richtung, welche die Dielektrizitätskonstante K_0 besitzt, wollen wir die x-Achse eines rechtwinkligen Koordinatensystems legen. Wir können dann die allgemeinen Gleichungen (5) und (6) des elektromagnetischen Feldes schreiben

$$(35)\quad \begin{cases} \dfrac{K_0}{V}\dfrac{\partial X}{\partial t} = \dfrac{\partial \gamma}{\partial y} - \dfrac{\partial \beta}{\partial z}, \\[2ex] \dfrac{K_1}{V}\dfrac{\partial Y}{\partial t} = \dfrac{\partial \alpha}{\partial z} - \dfrac{\partial \gamma}{\partial x}, \\[2ex] \dfrac{K_1}{V}\dfrac{\partial Z}{\partial t} = \dfrac{\partial \beta}{\partial x} - \dfrac{\partial \alpha}{\partial y}. \end{cases}$$

$$(36)\quad \begin{cases} \dfrac{1}{V}\dfrac{\partial \alpha}{\partial t} = \dfrac{\partial Y}{\partial z} - \dfrac{\partial Z}{\partial y}, \\[2ex] \dfrac{1}{V}\dfrac{\partial \beta}{\partial t} = \dfrac{\partial Z}{\partial x} - \dfrac{\partial X}{\partial z}, \\[2ex] \dfrac{1}{V}\dfrac{\partial \gamma}{\partial t} = \dfrac{\partial X}{\partial y} - \dfrac{\partial Y}{\partial x}. \end{cases}$$

Wir denken uns nun eine ebene elektromagnetische Welle, deren Fortpflanzungsrichtung mit den drei Achsen des Koordinatensystems die Winkel λ, μ, ν einschließt. Ihre Fortpflanzungsgeschwindigkeit sei a, die jeweilige Entfernung der Wellenfläche vom Ursprung des Koordinatensystems ist somit $x\cos\lambda + y\cos\mu + z\cos\nu$, und wir können die elektromotorische Kraft etwa darstellen durch

$$E = E_0 \cos\frac{2\pi}{\tau}\left(t - \frac{x\cos\lambda + y\cos\mu + z\cos\nu}{a}\right)$$
$$= E_0 \cos\delta\,,$$

wenn wir

$$\delta = \frac{2\pi}{\tau}\left(t - \frac{x\cos\lambda + y\cos\mu + z\cos\nu}{a}\right)$$

setzen (Bd. I, § 70 und 71). Analogerweise ist die magnetische Induktion durch

$$M = M_0 \cos\delta\,,$$

die einzelnen Komponenten der elektrischen und magnetischen Kräfte durch

$$X = X_0 \cos\delta\,, \qquad \alpha = \alpha_0 \cos\delta\,,$$

$$Y = Y_0 \cos\delta\,, \qquad \beta = \beta_0 \cos\delta\,,$$

$$Z = Z_0 \cos\delta\,, \qquad \gamma = \gamma_0 \cos\delta$$

gegeben.

Es ist ferner

$$\frac{\partial X}{\partial t} = -\frac{2\pi}{\tau} X_0 \sin\delta\,,$$

$$\frac{\partial \gamma}{\partial y} = \frac{2\pi}{\tau}\frac{\cos\mu}{a}\gamma_0 \sin\delta\,,$$

$$\frac{\partial \beta}{\partial z} = \frac{2\pi}{\tau}\frac{\cos\nu}{a}\beta_0 \sin\delta\,.$$

Die erste der Gleichungen (35) wird somit lauten

$$-\frac{K_0}{V}\frac{2\pi}{\tau} X_0 \sin\delta = \frac{2\pi}{\tau}\cdot\frac{\cos\mu}{a}\gamma_0 \sin\delta$$

$$-\frac{2\pi}{\tau}\frac{\cos\nu}{a}\beta_0 \sin\delta$$

oder

$$\frac{a K_0}{V} X_0 = \beta_0 \cos\nu - \gamma_0 \cos\mu\,.$$

In gleicher Weise lassen sich auch die übrigen Gleichungen (35) sowie (36) umformen, und wir erhalten folgendes System:

$$(37)\qquad \begin{cases} \dfrac{a K_0}{V} X_0 = \beta_0 \cos\nu - \gamma_0 \cos\mu\,, \\[2ex] \dfrac{a K_1}{V} Y_0 = \gamma_0 \cos\lambda - \alpha_0 \cos\nu\,, \\[2ex] \dfrac{a K_1}{V} Z_0 = \alpha_0 \cos\mu - \beta_0 \cos\lambda\,, \end{cases}$$

$$(38)\qquad \begin{cases} \dfrac{a \alpha_0}{V} = Z_0 \cos\mu - Y_0 \cos\nu\,, \\[2ex] \dfrac{a \beta_0}{V} = X_0 \cos\nu - Z_0 \cos\lambda\,, \\[2ex] \dfrac{a \gamma_0}{V} = Y_0 \cos\lambda - X_0 \cos\mu\,. \end{cases}$$

Multiplizieren wir die drei Gleichungen (37) mit α_0 bzw. β_0 und γ_0 und addieren sie, so ergibt dies

$$\frac{a K_0}{V} X_0 \alpha_0 + \frac{a K_1}{V} (Y_0 \beta_0 + Z_0 \gamma_0) = 0$$

oder

$$K_0 X_0 \alpha_0 + K_1 (Y_0 \beta_0 + Z_0 \gamma_0) = 0\,.$$

Da im allgemeinen K_0 und K_1 in keiner bestimmten Beziehung zueinander stehen, so ist die letzte Gleichung nur möglich, wenn

$$X_0 \alpha_0 = 0 \qquad \text{und} \qquad Y_0 \beta_0 + Z_0 \gamma_0 = 0$$

ist.

Aus der Gleichung $X_0 \alpha_0 = 0$ folgt, daß die Lichtschwingungen so stattfinden müssen, daß entweder $X_0 = 0$

ist, oder daß $\alpha_0 = 0$ ist. Ist $X_0 = 0$, so heißt das: die elektrischen Schwingungen müssen senkrecht zur x-Achse erfolgen. Die elektrischen Schwingungen müssen aber auch senkrecht zur Fortpflanzungsrichtung des Lichtes sein. Sie müssen also senkrecht zu der Ebene erfolgen, welche durch die Fortpflanzungsrichtung und die x-Achse bestimmt wird. Diese Ebene nennt man den Hauptschnitt. Die magnetischen Schwingungen werden für letzteren Fall also im Hauptschnitt stattfinden. Ist hingegen $\alpha_0 = 0$, so werden die magnetischen Schwingungen senkrecht, die elektrischen hingegen parallel zum Hauptschnitt sein. Wir erhalten also das wichtige Resultat, daß in den von uns gekennzeichneten Kristallen die elektrischen sowohl als die magnetischen Schwingungen nur parallel oder senkrecht zum Hauptschnitt stattfinden können.

Multiplizieren wir die Gleichungen (37) der Reihe nach mit $\cos\lambda$, $\cos\mu$, $\cos\nu$ und addieren sie, so erhalten wir

$$(39) \quad K_0 X_0 \cos\lambda + K_1 Y_0 \cos\mu + K_1 Z_0 \cos\nu = 0\,.$$

Dieselbe Behandlung ergibt aus den Gleichungen (38)

$$\alpha_0 \cos\lambda + \beta_0 \cos\mu + \gamma_0 \cos\nu = 0\,.$$

Wird nun $\alpha_0 = 0$, so ist

$$\beta_0 \cos\mu = -\gamma_0 \cos\nu\,.$$

Wie wir von früher her wissen, stehen in diesem Falle die magnetischen Schwingungen senkrecht zum Hauptschnitt. Mit Rücksicht auf die letzte Gleichung können wir die Gleichung (37) jetzt schreiben:

$$\frac{a K_0}{V} X_0 = (\cos^2\mu + \cos^2\nu) \frac{\beta_0}{\cos\nu} ,$$

$$\frac{a K_1}{V} Y_0 = -\cos\lambda \cos\mu \cdot \frac{\beta_0}{\cos\nu} ,$$

$$\frac{a K_1}{V} Z_0 = -\cos\lambda \cdot \beta_0 ;$$

oder

$$X_0 = \frac{V \beta_0}{a K_0 \cos\nu} (\cos^2\mu + \cos^2\nu) ,$$

$$Y_0 = -\frac{V \beta_0}{a K_1 \cos\nu} \cos\lambda \cos\mu ,$$

$$Z_0 = -\frac{V \beta_0}{a K_1 \cos\nu} \cos\lambda \cos\nu .$$

Setzen wir diese Werte in die Gleichungen (38) ein, so ist die erste identisch erfüllt. Die beiden anderen ergeben

$$\frac{a \beta_0}{V} = \frac{V \beta_0}{a K_0} (\cos^2\mu + \cos^2\nu) + \frac{V \beta_0}{a K_1} \cos^2\lambda$$

und

$$\frac{a \gamma_0}{V} = -\frac{V \beta_0 \cos^2\lambda \cos\mu}{a K_1 \cos\nu} - \frac{V \beta_0 \cos\mu}{a K_0 \cos\nu} (\cos^2\mu + \cos^2\nu) .$$

Wegen $\beta_0 \cos\mu = -\gamma_0 \cos\nu$ ergeben die beiden letzten Gleichungen dasselbe Resultat, welches wir nach den leicht durchzuführenden Kürzungen schreiben können

$$a^2 = V^2 \left(\frac{\cos^2\mu + \cos^2\nu}{K_0} + \frac{\cos^2\lambda}{K_1} \right) .$$

Wegen $\cos^2\lambda + \cos^2\mu + \cos^2\nu = 1$ ist $\cos^2\mu + \cos^2\nu = 1 - \cos^2\lambda = \sin^2\lambda$, und die letzte Gleichung wird

$$a^2 = V^2\left(\frac{\sin^2\lambda}{K_0} + \frac{\cos^2\lambda}{K_1}\right). \tag{40}$$

Haben wir demnach in irgend einem Punkte des Kristalles eine elektromagnetische Erregung, so breiten sich die elektrischen Schwingungen, welche parallel zum Hauptschnitte erfolgen, nach den verschiedenen Richtungen mit verschiedener Geschwindigkeit aus. Eine jede Elementarwelle wird eine Rotationsfläche ähnlich einem Rotationsellipsoid sein, deren Rotationsachse parallel zur x-Achse ist.

Sind die elektrischen Schwingungen senkrecht zum Hauptschnitte, so ist $X = 0$, nach Gleichung (39) also

$$Y_0 \cos\mu = -Z_0 \cos\nu .$$

Danach ergeben die Gleichungen (38)

$$\alpha_0 = -\frac{VY_0}{a\cos\nu}(\cos^2\mu + \cos^2\nu),$$

$$\beta_0 = \frac{VY_0}{a\cos\nu}\cos\lambda\cos\mu,$$

$$\gamma_0 = \frac{VY_0}{a\cos\nu}\cos\lambda\cos\nu .$$

Diese Werte in die Gleichungen (37) eingesetzt liefern dann die Beziehung

$$a^2 = \frac{V^2}{K_1} .$$

Das heißt: Licht, dessen elektrische Schwingungen senkrecht zum Hauptschnitte erfolgen, pflanzt sich in unserem Kristalle wie in einem isotropen Körper fort. Die Elementarwellen einer jeden Wellenfläche sind Kugelwellen.

Trifft demnach ein Lichtstrahl auf die Fläche eines optisch einachsigen Kristalles etwa eines Kalkspates, so werden im Kristalle nur Schwingungen senkrecht und parallel zum Hauptschnitte erfolgen können. Wir müssen also die Schwingungen des einfallenden Strahles in zwei dementsprechende Komponenten zerlegen. Diese haben aber im allgemeinen verschiedene Fortpflanzungsgeschwindigkeit und daher auch verschiedene Brechungsexponenten. Es tritt Doppelbrechung ein. Dabei hat der eine Strahl, dessen Elementarwellen Kugelflächen sind, stets denselben Brechungsexponenten. Wir nennen ihn den ordentlichen Strahl. Seine elektrischen Schwingungen sind senkrecht zum Hauptschnitte. Der Brechungsindex des zweiten Strahles hängt von der Lage des einfallenden Strahles zum Hauptschnitte ab. Wir nennen ihn den außerordentlichen Strahl. Seine elektrischen Schwingungen erfolgen parallel zum Hauptschnitte. Seine Elementarwellen bilden kompliziertere Rotationsflächen mit einer zur x-Achse parallelen Rotationsachse.

In der Regel ist K_0 von K_1 wenig verschieden, so daß wir etwa

$$K_1 = K_0(1 + \varkappa)$$

setzen können, wobei also $\varkappa$ gegen Eins klein ist. Gleichung (40) wird sodann, indem wir die Glieder mit höheren Potenzen von $\varkappa$ vernachlässigen,

$$a^2 = V^2\left[\frac{\sin^2\lambda}{K_0} + \frac{\cos^2\lambda}{K_0(1+\varkappa)}\right] = \frac{V^2}{K_0}\left[\sin^2\lambda + \cos^2\lambda\cdot(1-\varkappa)\right]$$
$$= \frac{V^2}{K_0}\left(1 - \varkappa\cos^2\lambda\right).$$

Denken wir uns nun eine Elementarwelle, welche vom Ursprunge des Koordinatensystems ausgeht, und suchen wir für eine bestimmte Zeit deren Durchschnittskurve mit der (x, y)-Ebene, so brauchen wir nur vom Ursprunge aus nach allen Richtungen in der (x, y)-Ebene Strecken auftragen, welche a proportional sind. Das Quadrat einer solchen Strecke wird dann $x^2 + y^2$ sein, wenn wir mit x und y die Koordinaten ihres Endpunktes bezeichnen. Es ist also

$$x^2 + y^2 = c^2(1 - \varkappa \cos^2\lambda) .$$

Da aber λ der Winkel ist, den unsere Strecke mit der x-Achse einschließt, so ist $\cos^2\lambda = \frac{x^2}{x^2 + y^2}$, und die Gleichung unserer Schnittkurve wird

$$x^2 + y^2 = c^2\left(1 - \varkappa \frac{x^2}{x^2 + y^2}\right) .$$

In erster Annäherung ist nun $x^2 + y^2 = c^2$. Wir können daher auch weiter schreiben

$$x^2 + y^2 = c^2\left(1 - \frac{\varkappa}{c^2} x^2\right) = c^2 - \varkappa x^2$$

oder

$$\frac{x^2(1 + \varkappa)}{c^2} + \frac{y^2}{c^2} = 1 .$$

Wir erhalten also eine Ellipse mit den Halbachsen $\frac{c}{\sqrt{1 + \varkappa}}$ und c. Ist $\varkappa$ positiv, so ist die Halbachse parallel zur x-Achse kleiner als die senkrechte dazu. Dies ist z. B. beim Kalkspat der Fall.

Es hat nun schon Huygens die Erscheinungen der Doppelbrechung des Kalkspates dadurch erklärt, daß er zweierlei Elementarwellen, nämlich Kugeln und Rotationsellipsoide, annahm. Nach der elektromagnetischen Lichttheorie haben wir dasselbe erhalten. Wir können also auch hier alle weiteren Erscheinungen nach dem Vorgange der älteren Theorie darstellen (Bd. II, §§ 24—27).

§ 25. **Der Hertzsche Oszillator.**

Es seien zwei gleich große Metallkugeln vom Radius a durch einen geraden Draht, dessen Kapazität wir vernachlässigen, miteinander verbunden. Die eine sei mit der Elektrizitätsmenge Q_1, die andere mit Q_2 geladen. Die erste befindet sich somit auf dem Potential $V_1 = \frac{Q_1}{a}$, die zweite besitzt das Potential $V_2 = \frac{Q_2}{a}$ (Bd. III, § 9). Infolge der ungleichen Potentiale wird eine Strömung der Elektrizität durch den Draht von einer Kugel zur anderen eintreten, die wir genau so berechnen können wie die oszillatorische Entladung eines Kondensators (Bd. III, § 58).

Wir können die Abnahme der Elektrizitätsmenge Q_1 in der Zeit dt gleich $-i\,dt$ setzen, wenn wir unter i die Stromstärke im Drahte verstehen. Es ist also

$$dQ_1 = -i\,dt\,.$$

Ferner haben wir zwischen Potentialdifferenz, Stromstärke, Widerstand w und Selbstinduktion U des Drahtes die Gleichung

$$V_1 - V_2 = w\,i + U\frac{di}{dt}$$

(Bd. III, § 54). Nun ist aber

$$V_1 - V_2 = \frac{Q_1 - Q_2}{a}$$

(Bd. III, § 12). Nennen wir die Gesamtladung der Kugeln

$$Q_1 + Q_2 = Q\,,$$

so ist $Q_2 = Q - Q_1$ und $V_1 - V_2 = \frac{2\,Q_1 - Q}{a}$. Danach wird unsere Gleichung

$$\frac{2\,Q_1 - Q}{a} = w\,i + U\,\frac{di}{dt}$$

oder

$$Q_1 = \frac{a\,w\,i}{2} + \frac{a\,U}{2}\,\frac{di}{dt} + \frac{Q}{2}$$

und

$$d\,Q_1 = -i\,dt = \frac{a\,w}{2}\,di + \frac{a\,U}{2}\,\frac{d^2 i}{dt^2}\,dt\,,$$

woraus sich ergibt

$$\frac{d^2 i}{dt^2} + \frac{w}{U}\,\frac{di}{dt} + \frac{2\,i}{a\,U} = 0\,.$$

Das ist aber dieselbe Gleichung, welche wir für die oszillierende Entladung eines Kondensators erhalten haben (Bd. III, § 58).

Um zwischen den Kugeln eine Potentialdifferenz herzustellen, verfuhr H. Hertz so, daß er den Draht in der Mitte entzweischnitt und die so erhaltenen Enden mit kleinen Kugeln versah, welchen ein derartiger Abstand gegeben war, daß die Funken eines Induktoriums, mit dessen Polen die kleinen Kugeln verbunden waren, überspringen konnten. Zur Erzeugung der Funken müssen die kleinen Kugeln und damit auch die großen auf eine hohe Potentialdifferenz gebracht werden. Der überspringende Funke bildet zwischen den kleinen Kugeln eine leitende Verbindung, und es entsteht die oben berechnete alternierende Strömung im Verbindungsdraht der beiden Kugeln. Diese Ströme erzeugen oszillierende magnetische Felder in der Umgebung, diese wieder elektrische Schwingungen. Kurz, es ist so ein Hertzscher Oszillator nichts anderes als ein Erreger elektromagnetischer Wellen. Entfernen wir uns so weit vom Oszillator, daß seine Dimensionen gegenüber der gewählten Entfernung nicht mehr in Betracht kommen, so haben wir dieselben elektromagnetischen Wellen, welche wir in den §§ 12, 14 und 17 untersucht haben. Es war somit H. Hertz mit Hilfe des von ihm erfundenen Oszillators in der Lage, das gleiche Verhalten elektromagnetischer Wellen und der Lichtwellen nachzuweisen. Da man die Selbstinduktion eines geraden Drahtes mit genügender Genauigkeit berechnen kann, so ist auch die Länge der Wellen, welche der Oszillator aussendet, der Rechnung zugänglich.

Strahlung.

§ 26. Strahlen des Lichtes, der Wärme, der elektrischen Kraft — Prevosts Theorie.

Haben zwei benachbarte Körper verschiedene Temperatur, so geht immer von selbst die Wärme vom Körper höherer zu jenem tieferer Temperatur über, bis beide Körper dieselbe Temperatur besitzen. Dieser Temperaturausgleich wird durch Leitung und Strahlung der Wärme besorgt. In letzterem Falle haben wir anzunehmen, daß der höher temperierte Körper imstande ist, seinen Wärmeinhalt in eine andere Energieform, nämlich strahlende Energie, umzuwandeln und als solche auszusenden. Der Körper niedrigerer Temperatur hat hingegen die Fähigkeit, die Energie der ihn treffenden Strahlung aufzunehmen und dadurch seinen Wärmeinhalt, mithin auch seine Temperatur zu erhöhen.

Haben wir einen dritten Körper, dessen Temperatur noch tiefer ist als jene des kälteren der von uns betrachteten zwei Körper, so wird der kältere Körper gegenüber dem dritten als wärmer erscheinen und ebenfalls strahlende Energie aussenden. Der Körper mittlerer Temperatur nimmt also Strahlen auf und sendet gleichzeitig Strahlen aus. Das führt uns zu der Anschauung, welche zuerst von Prevost geäußert wurde, daß jeder Körper ohne Rücksicht auf die Temperatur seiner Umgebung Wärme ausstrahlt. Die in der Sekunde ausgestrahlte Wärmemenge ist um so größer, je höher die Temperatur des Körpers ist, und von der Art und Temperatur der Umgebung völlig unabhängig. Besitzt ein benachbarter Körper höhere Temperatur, so strahlt er dem ersten mehr Wärme zu, als er von diesem empfängt. Bei gleicher Temperatur strahlen die Körper einander gleichviel Wärme zu, so daß das Temperaturgleichgewicht nicht gestört wird.

Wir fassen die Wärmestrahlen genau so wie die Lichtstrahlen als elektromagnetische Strahlen auf, indem für Licht-, Wärme- und elektromagnetische Strahlen ein und dieselben Gesetze gelten. Im folgenden ist nur von diesen Strahlen die Rede.

§ 27. Absorption — Emission — Hohlraumstrahlung.

Fallen auf einen Körper Strahlen auf, so werden sie zum Teil reflektiert, zum Teil hindurchgelassen, zum Teil vom Körper aufgenommen. Die Energie dieses letzten Teils der Strahlung setzt sich im Körper in Wärmeenergie um, vermehrt den Wärmeinhalt des Körpers und erhöht dessen Temperatur. Diese Umwandlung strahlender Energie in Wärme nennen wir Absorption der Strahlung. Die Absorption und die Emission, die Ausstrahlung der Wärme, ermöglichen überhaupt die Umformung der Wärme in strahlende Energie und umgekehrt.

Befindet sich ein Körper auf der Temperatur seiner Umgebung, so strahlt er nach Prevost in der Sekunde ebensoviel Wärme aus, als ihm zugestrahlt wird. Unter Umgebung des betrachteten Körpers verstehen wir dabei alle Körper, welche von den Strahlen unseres Körpers getroffen werden können. Wir wollen noch voraussetzen, daß tatsächlich jeder ausgesandte Strahl, mag er auch noch so oft von den Körpern der Umgebung reflektiert und durchgelassen werden, schließlich doch von diesen gänzlich absorbiert wird, daß also alle ausgesandten Strahlen bis zu ihrer gänzlichen Umwandlung in Wärmeenergie nur endliche Wege zurücklegen können. Damit ist ein endlicher Raum gekennzeichnet, über welchen die von unserem Körper ausgesandten Strahlen nicht hinausgelangen. Wir wollen einen solchen Raum einen „Hohlraum“ und die darin stattfindenden Strahlungsvorgänge kurz „Hohlraumstrahlung“ nennen. Unser Hohlraum ist also nicht ein allseits geschlossener Raum im gewöhnlichen Sinn.

Auch für den Wärmeaustausch durch Strahlung müssen

die Sätze der mechanischen Wärmetheorie ihre Geltung haben, da die Erfahrung gezeigt hat, daß Körper, die bezüglich der Wärmeleitung im Gleichgewicht, es auch immer in bezug auf die Strahlung sind.

Unseren Körper treffen Strahlen von allen Seiten der Umgebung. Befindet er sich mit der Umgebung im thermischen Gleichgewicht, so muß er nicht nur ebensoviel Energie, als ihn trifft, wieder aussenden, sondern er muß auch nach einer bestimmten Richtung ebensoviel senden, als er aus derselben empfängt. Nach unserer früheren Annahme soll aber die Art der Ausstrahlung von Energie nur von dem betreffenden Körper selbst abhängig sein und unabhängig von der Umgebung. Das zwingt uns zu dem Schluß, daß, wie immer die Umgebung gestaltet sein mag, die Strahlung im Hohlraum immer dieselbe sein muß, sobald nur alle Körper dieselbe Temperatur besitzen und wenigstens zum Teil fähig sind, alle möglichen Strahlen, d. h. Strahlen aller möglichen Wellenlängen auszusenden. Bei der Hohlraumstrahlung sind die Strahlen nach allen Richtungen des Raumes sowohl ihrer Wellenlänge als ihrer Intensität nach gleichmäßig verteilt.

§ 28. Vollkommen schwarzer Körper — Lamberts Gesetz.

Ein Körper muß alle Strahlen, die ihn treffen, teils reflektieren, teils durchlassen, teils absorbieren. Wir können uns nun einen Körper denken, welcher gar nichts reflektiert und gar nichts durchläßt, sondern sämtliche Strahlen absorbiert. Einen solchen nennen wir einen vollkommen schwarzen Körper. Lampenruß und Platinschwarz zeigen mit großer Annäherung ein derartiges Verhalten.

Da auch ein vollkommen schwarzer Körper bei vorhandenem Temperaturgleichgewicht nach jeder Richtung ebensoviel Energie aussenden muß, als er empfängt, so läßt sich leicht die Abhängigkeit der Strahlung vom Emissionswinkel feststellen. Unter dem Emissionswinkel wollen wir jenen Winkel verstehen, den der von einem Oberflächenelement des Körpers ausgehende Strahl mit dem Lot zum Flächenelement einschließt.

Da nun die in einer bestimmten Zeit aus einer bestimmten Richtung kommende absorbierte Energie proportional dem Kosinus des Einfallswinkels ist (Bd. II, § 1), so muß auch die ausgestrahlte Energie eines vollkommen schwarzen Körpers proportional dem Kosinus des Emissionswinkels sein. Dieses Gesetz wurde zuerst von Lambert ausgesprochen und durch den Versuch bestätigt. So erscheint uns die Sonne als eine leuchtende Scheibe, die in allen ihren Punkten gleich hell ist, was unmittelbar aus dem Lambertschen Gesetz folgt.

§ 29. Kirchhoffs Strahlungsgesetz.

Die Energie, welche ein vollkommen schwarzer Körper von jedem Quadratzentimeter seiner Oberfläche in der Sekunde bei einer bestimmten Temperatur aussendet, wollen wir mit E bezeichnen. Denken wir uns nun einen Körper von der Oberfläche O im Temperaturgleichgewicht mit der Umgebung, so wird ihm nach § 27 in der Sekunde die Energie OE zugestrahlt. Von derselben wird er einen Teil reflektieren, einen Teil eventuell durchlassen und einen Teil absorbieren. Letzterer sei aOE a ist also ein echter Bruch, es ist das Absorptionsvermögen des betreffenden Körpers. Während somit der Körper von der Energie OE die Menge $OE - aOE$ reflektiert und durchläßt, muß er die Menge aQE ausstrahlen, da ja sonst das Wärmegleichgewicht gestört würde, was gegen den zweiten Hauptsatz der mechanischen Wärmetheorie (Bd. II, § 45) verstoßen würde. Nennen wir die durch die Einheit der Oberfläche ausgestrahlte Wärmemenge e, so ist die Gesamtstrahlung Oe. Dieselbe muß gleich $a\,OE$, oder es muß

$$e = a\,E$$

sein. Diese von Kirchhoff gefundene Beziehung sagt aus, daß das Emissionsvermögen eines beliebigen Körpers gleich seinem Absorptionsvermögen multipliziert mit dem Emissionsvermögen eines vollkommenen schwarzen Körpers ist, oder wir können kurz sagen: Das Verhältnis zwischen Emission und Absorption eines jeden Körpers ist gleich der Emission des vollkommen schwarzen Körpers. Da wir unter dem Emissionsvermögen oder kurz der Emission eines vollkommen schwarzen Körpers die Energie verstehen, welche er per Quadratzentimeter der Oberfläche in der Sekunde ausstrahlt, diese aber gleich der von der gleich temperierten Umgebung unter gleichen Umständen zugestrahlten Energiemenge E ist, so ist das Emissionsvermögen eines beliebigen Körpers demnach nichts anderes als die Energiemenge, welche er in der Sekunde durch die Oberflächeneinheit ausstrahlt.

Das Kirchhoffsche Strahlungsgesetz gilt nun nicht allein für die Gesamtmenge der Energie, welche ein Körper emittiert, sondern für jede Strahlengattung, ja für jeden Polarisationszustand derselben für sich. Das ist ohne weiteres klar, wenn wir uns die Hohlraumstrahlung, wie es wohl bei der vollkommenen Willkür der Umgebung kaum anders denkbar ist, so vorstellen, daß für eine bestimmte Temperatur nicht nur die ausgestrahlte Energiemenge, sondern auch die Energieverteilung über die Strahlen verschiedener Wellenlänge eine ganz bestimmte sein muß. Hätten wir nämlich einen Körper, der nur Strahlen von ganz bestimmter Wellenlänge absorbiert, ja wäre diese Absorption wie beim Turmalin vielleicht gar von der Schwingungsrichtung abhängig, so würde das Wärmegleichgewicht ebenfalls sofort gestört, wenn nicht Strahlen genau derselben Art in gleicher Menge ausgesandt würden, als absorbiert wurden, was wiederum gegen den zweiten Hauptsatz der Thermodynamik verstoßen würde.

Sehen wir jedoch von der Voraussetzung einer bestimmten Verteilung der Energie im Emissionsspektrum eines vollkommen schwarzen Körpers ab, so lassen sich leicht Körperkombinationen finden, welche Kirchhoffs Gesetz für jede Strahlengattung als gültig erweisen. Denken wir uns etwa einen sehr kleinen Körper *A* (Fig. 5). Derselbe befinde sich

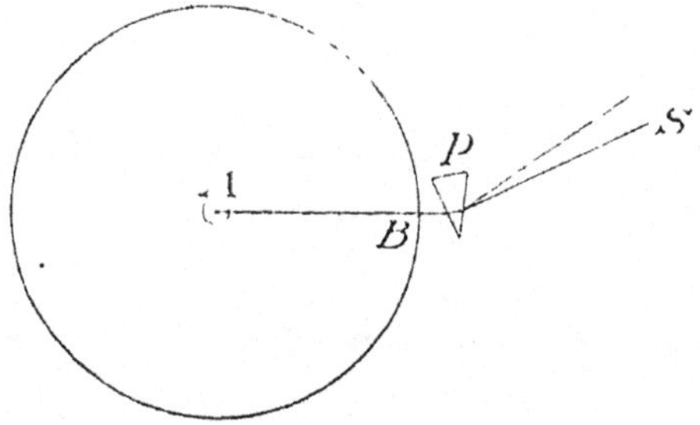

Fig. 5.

im Mittelpunkt einer Hohlkugel, deren Innenwand aus einem vollkommenen Spiegel besteht, und die nur bei *B* eine sehr kleine Öffnung besitzt. Alles, was der Körper ausstrahlt, gelangt auf ihn durch Reflexion wieder zurück mit Ausnahme jener Strahlen, welche die Öffnung *B* passieren. *A* sei mit der Umgebung im Wärmegleichgewicht. Es soll jetzt vor *B* ein kleines Prisma *P* angebracht werden, welches ebenfalls mit der Umgebung im Wärmegleichgewicht ist. Dasselbe wird die von *A* kommenden Strahlen in ein Spektrum *S* zerlegen.

Gesetzt nun den Fall, der Körper *A* könnte nur rotes Licht aussenden, hingegen würde er nur blaues absorbieren, so braucht dadurch seine Temperatur nicht geändert zu werden, sobald nur wiederum absorbierte und emittierte Energie einander gleich sind. Man erkennt aber sofort, daß jetzt in der Umgebung das Temperaturgleichgewicht gestört wird, da ja in der Richtung der blauen Strahlen jetzt mehr gegen den Körper *A* herein, als von ihm hinausgeht, während das Umgekehrte in der Richtung der roten Strahlen stattfindet. Wo daher die austretenden roten Strahlen auf einen Körper stoßen, müssen sie eine Temperaturerhöhung erzeugen, in der Richtung der blauen Strahlen muß eine Temperaturerniedrigung eintreten, was nach dem zweiten Hauptsatz der Thermodynamik wiederum ausgeschlossen ist.

Würden wir speziell noch einen Teil der aus dem Prisma austretenden Strahlen durch ein Nicolsches Prisma gehen lassen, so erkennen wir nach derselben Schlußweise leicht, daß das Kirchhoffsche Gesetz auch für jede beliebige Polarisationsrichtung gültig ist.

§ 30. Folgerungen aus dem Kirchhoffschen Gesetz.

Nach Draper beginnen alle Körper mit wachsender Temperatursteigerung bei etwa 525° C rot zu glühen. Da die meisten Körper fast alle sie treffenden Strahlen teilweise absorbieren, so müssen sie auch dieselben Strahlen aussenden, sobald es der vollkommen schwarze Körper tut. Da letzterer nun bei 525° Rotglut, bei 1000° Gelbglut, bei 1200° Weißglut zeigt, so tun dies auch die anderen Körper nur natürlich in verschiedener Intensität. Glas, welches wenig Licht absorbiert, sendet auch wenig aus; ebenso blanke Metallflächen, wie man leicht bei einem Platinblech sieht, auf das man einen Tintenfleck macht. Bringt man dieses in den Bunsenbrenner, so leuchtet bei der Glut der Tintenfleck heller als das blanke Platin.

Die wichtigste Folgerung hat Kirchhoff jedoch für die Spektralanalyse gemacht, indem aus seinem Gesetz sofort folgt, daß die hellen Linien des Emissionsspektrums mit den dunkeln des Absorptionsspektrums einer Flamme identisch sein müssen.

Es hat Kirchhoff auch gezeigt, daß glühender Turmalin, welcher linear polarisiertes Licht in verschiedenen Schwingungsrichtungen verschieden stark absorbiert, tatsächlich teilweise polarisiertes Licht aussendet.

§ 31. Energie der dielektrischen Polarisation.

Für die Gesamtenergie oder den Arbeitswert eines elektrisch geladenen Leiters fanden wir (Bd. III, § 17)

$$A = \frac{MV}{2},$$

wenn M die vorhandene Menge der Elektrizität, V das Potential bedeutet, auf welchem sie sich befindet. Nach der Beziehung

$$V = \frac{M}{C},$$

wobei wir unter C die Kapazität des Leiters verstehen, können wir anstatt M auch VC setzen und finden somit für die Energie

$$A = \frac{CV^2}{2}.$$

Für die Kapazität eines Plattenkondensators der Elektrizität, dessen eine Platte zur Erde abgeleitet ist, ergab sich (Bd. III, § 15 u. 22)

$$C = \frac{KF}{4\pi\delta},$$

wenn F die Fläche einer Kondensatorplatte, δ der Abstand beider Platten und K die Dielektrizitätskonstante des Zwischenmittels ist. Zwischen den beiden Platten haben wir ein Potentialgefälle

$$\mathfrak{E} = \frac{V}{\delta}.$$

Wir können demnach auch schreiben $V = \mathfrak{E}\,\delta$ und erhalten so für den Arbeitswert eines geladenen Kondensators

$$A = \frac{CV^2}{2} = \frac{KF\mathfrak{E}^2\delta^2}{8\pi\delta} = \frac{KF\delta}{8\pi}\mathfrak{E}^2 = \frac{Kv}{8\pi}\mathfrak{E}^2,$$

wenn wir unter $F\delta = v$ das Volumen zwischen den Kondensatorplatten verstehen.

Nach Maxwell (§ 4) verlegen wir nun den Sitz der Energie gänzlich in das Dielektrikum. Soweit wir das elektrische Feld zwischen den Kondensatorplatten als homogen annehmen können, werden wir auch die Energie über das Volumen zwischen den Kondensatorplatten gleichmäßig verteilt finden. Es ist somit

$$E = \frac{K}{8\pi} \mathfrak{E}^2$$

die Energie der Volumseinheit oder die Energiedichte. Genau dieselbe Formel erhalten wir für die Energie bzw. Energiedichte eines magnetischen Feldes, wenn wir (§ 3) anstatt K die magnetische Induktionskonstante μ, anstatt der elektrischen Kraft $\mathfrak{E}$ die magnetische $\mathfrak{H}$ einführen.

§ 32. Energie elektromagnetischer Strahlen — Energiedichte der Strahlung.

Wir denken uns einen elektromagnetischen Wellenzug (§ 13) oder, wie wir auch sagen können, einen elektromagnetischen Strahl vom Querschnitte Eins. Die elektromotorische Kraft ist dann gegeben durch

$$\mathfrak{E} = \mathfrak{E}_0 \cos 2\pi \left(\frac{t}{\tau} - \frac{x}{\lambda}\right).$$

Zu einem gegebenen Zeitpunkte wird die gesamte elektrische Energie auf der unendlich kleinen Strecke dx nach dem vorhergehenden Paragraphen $\frac{K}{8\pi} \mathfrak{E}^2\, dx$ sein. Die gesamte Energie einer Welle ist somit

$$\frac{K}{8\pi}\int_0^\lambda \mathfrak{E}^2 dx = \frac{K\mathfrak{E}_0^2}{8\pi}\int_0^\lambda \cos^2 2\pi\left(\frac{t}{\tau}-\frac{x}{\lambda}\right)dx$$

$$= \frac{K\mathfrak{E}_0^2}{8\pi}\int_0^\lambda \left[\tfrac{1}{2}+\tfrac{1}{2}\cos 4\pi\left(\frac{t}{\tau}-\frac{x}{\lambda}\right)\right]dx$$

$$= \frac{K\mathfrak{E}_0^2}{8\pi}\left[\frac{x}{2}-\frac{\lambda}{8\pi}\sin 4\pi\left(\frac{t}{\tau}-\frac{x}{\lambda}\right)\right]_0^\lambda = \frac{K\mathfrak{E}_0^2\lambda}{16\pi},$$

indem der Sinus im Klammerausdruck für $x = 0$ und $x = \lambda$ denselben Wert annimmt. Die Energie der Längeneinheit des Wellenzuges zu einem bestimmten Zeitpunkte wird demnach $\frac{K\mathfrak{E}_0^2}{16\pi}$ sein, da auf die Längeneinheit ja $\frac{1}{\lambda}$ Wellen gehen. Genau dieselbe Formel erhalten wir auch für die Energie in der Volumseinheit für die magnetische Welle, wenn wir wiederum die Dielektrizitätskonstante K durch die magnetische Induktionskonstante μ, die elektrische Kraft $\mathfrak{E}_0$ durch die magnetische $\mathfrak{H}_0$ ersetzen. Für die Energie der Volumseinheit oder, wie man kürzer sagt: für die Energiedichte eines elektromagnetischen Strahles ergibt sich somit

$$E = \frac{1}{16\pi}(K\mathfrak{E}_0^2 + \mu\mathfrak{H}_0^2).$$

Befinden wir uns im reinen Äther, so wird $K = \mu = 1$ oder

$$E = \frac{1}{16\pi}(\mathfrak{E}_0^2 + \mathfrak{H}_0^2),$$

oder da für diesen Fall

$$\mathfrak{H}_0 = \mathfrak{E}_0$$

ist — im § 13 fanden wir $\frac{E_0 K \lambda}{V \tau} = M_0$, da aber $K = 1$, $\lambda = V\tau$ wird, so ist $E_0 = M_0$, was in unserem Falle durch $\mathfrak{E}_0 = \mathfrak{H}_0$ wiedergegeben wird —, so erhalten wir

$$E = \frac{\mathfrak{E}_0^2}{8\pi}.$$

Dies können wir direkt auf die Energiedichte in irgend einem Punkte eines durchstrahlten Raumes übertragen. Wir brauchen nur die Werte des E für sämtliche Wellen addieren, welche zu einer gegebenen Zeit einen bestimmten Punkt passieren. Daraus folgt, daß die Energiedichte der Hohlraumstrahlung (§ 27) lediglich eine Funktion der Temperatur ist.

§ 33. Energie der Wellenbewegung ponderabler Körper.

Haben wir es mit der Wellenbewegung in einem ponderablen Medium, etwa mit Schallwellen in einem festen, flüssigen oder gasförmigen Körper zu tun, welche nach einer periodischen Funktion der Zeit vor sich gehen, so können wir den Weg, den ein Teilchen des Körpers macht, darstellen durch

$$s = A \cos 2\pi \left(\frac{t}{\tau} - \frac{x}{\lambda}\right).$$

Die Geschwindigkeit dieses Teilchens ist somit gegeben durch

$$\frac{ds}{dt} = -\frac{2\pi A}{\tau} \sin 2\pi \left(\frac{t}{\tau} - \frac{x}{\lambda}\right).$$

Die kinetische Energie eines Teilchens, welche gleich dem Produkt aus der halben Masse und dem Quadrat der

Geschwindigkeit des Teilchens ist, ist also proportional der Größe

$$\left(\frac{ds}{dt}\right)^2 = \frac{4\pi^2 A^2}{\tau^2} \sin^2 2\pi\left(\frac{t}{\tau} - \frac{x}{\lambda}\right).$$

Suchen wir nun die kinetische Energie einer Welle vom Querschnitte Eins, so haben wir genau so wie im vorhergehenden Paragraphen vorzugehen. Dieselbe wird also proportional dem folgenden Ausdruck:

$$\frac{4\pi^2 A^2}{\tau^2} \int_0^\lambda \sin^2 2\pi\left(\frac{t}{\tau} - \frac{x}{\lambda}\right) dx$$

$$= \frac{4\pi^2 A^2}{\tau^2} \int_0^\lambda \left[\tfrac{1}{2} - \tfrac{1}{2}\cos 4\pi\left(\frac{t}{\tau} - \frac{x}{\lambda}\right)\right] dx$$

$$= \frac{4\pi^2 A^2}{\tau^2}\left[\frac{x}{2} + \frac{\lambda}{8\pi}\sin 4\pi\left(\frac{t}{\tau} - \frac{x}{\lambda}\right)\right]_0^\lambda = \frac{2\pi^2 A^2 \lambda}{\tau^2}.$$

Da auf die Längeneinheit des Wellenzuges wieder $\frac{1}{\lambda}$ Wellen gehen, so wird die Energie der Volumseinheit proportional dem Ausdruck $\frac{2\pi^2 A^2}{\tau^2}$ sein. Ist die Fortpflanzungsgeschwindigkeit der Wellen V, τ die Schwingungsdauer, so ist $\lambda = V\tau$ oder $\tau^2 = \frac{\lambda^2}{V^2}$. Folglich ist die Energiedichte E proportional $\frac{2\pi^2 A^2 V^2}{\lambda^2}$ oder

$$E = \frac{k}{\lambda^2},$$

wenn wir alles Konstante in dem Buchstaben k zusammenfassen. Es ist also unter sonst gleichen Verhältnissen die Energiedichte dem Quadrat der Wellenlänge verkehrt proportional.

§ 34. Strahlungsdruck.

Maxwell folgerte aus seiner Elektrizitätstheorie, daß elektromagnetische Wellen, welche auf einen Körper auffallen, auf diesen einen Druck ausüben, dessen Größe sich genau berechnen läßt. Wir wollen den Versuch machen, den Druck des Lichtes zu berechnen, den es auf einen Spiegel ausübt, von dem es vollkommen reflektiert wird.

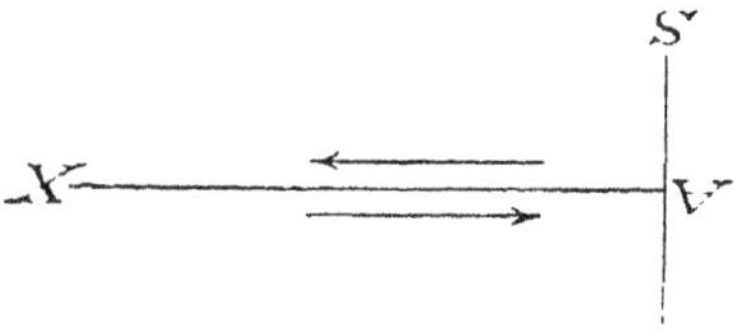

Fig. 6.

Denken wir uns vorerst einen Wellenzug, der einen Spiegel S (Fig. 6) senkrecht trifft. Wir wissen, daß am Spiegel bei der vollkommenen Reflexion ein Schwingungsknoten sein muß (§ 23). Die Elongationen der daselbst auftreffenden und ausgehenden Wellen müssen also zusammen immer gleich Null sein. Dies wird erfüllt, wenn wir uns zum einfallenden Wellenzug

$$A \cos 2\pi \left(\frac{t}{\tau} + \frac{x}{\lambda}\right),$$

der also entgegengesetzt der Richtung der x-Achse (Fig. 6) geht, einen zweiten

$$-A \cos 2\pi \left(\frac{t}{\tau} - \frac{x}{\lambda}\right),$$

der in der Richtung der x-Achse geht, hinzufügen. Der zweite ist sodann der reflektierte Wellenzug. Die Summe beider ist für $x = 0$ tatsächlich immer gleich Null.

Nehmen wir nun an, der Spiegel S bewege sich in der Richtung der x-Achse mit der Geschwindigkeit v, und halten wir die Bedingung fest, daß am Spiegel immer ein Schwingungsknoten des Lichtes sein muß, so werden wir dieser Bedingung durch zwei Wellenzüge genügen, deren einer fürs einfallende Licht durch

$$A \cos 2\pi \left(\frac{t}{\tau} + \frac{x}{\lambda}\right),$$

jener fürs reflektierte durch

$$-A' \cos 2\pi \left(\frac{t}{\tau'} - \frac{x}{\lambda'}\right)$$

dargestellt werden kann. Die Lage des Spiegels ist nach unserer Annahme durch

$$x = v t$$

gegeben. Für dieses x muß aber die Summe beider Wellen immer gleich Null sein. Wir erhalten also

$$A \cos 2\pi \left(\frac{t}{\tau} + \frac{v t}{\lambda}\right) - A' \cos 2\pi \left(\frac{t}{\tau'} - \frac{v t}{\lambda'}\right) = 0 .$$

Diese Möglichkeit ist aber wiederum nur denkbar, wenn

$$A = A'$$

ist. Das heißt, die Amplitüde der reflektierten muß gleich der Amplitüde der einfallenden Welle sein.

Übt das auffallende Licht auf den Spiegel von der Größe f einen Druck p aus, so müssen wir bei der Bewegung des Spiegels eine Arbeit leisten, welche in der

Zeiteinheit fpv beträgt. Diese Arbeit wird sich in der Vermehrung der Energie äußern, welche wir dem reflektierten Wellenzuge in der Zeiteinheit übermitteln.

Nennen wir die Lichtgeschwindigkeit V, so trifft unseren Spiegel, falls er ruht, in der Sekunde sämtliche Energie, welche in dem Raum fV enthalten ist. Bewegt sich aber der Spiegel dem Lichtstrahl mit der Geschwindigkeit v entgegen, so kommt zu dem Raum fV noch der Raum fv, welcher in der Zeiteinheit vom Spiegel bestrichen wird. Ist demnach die Dichte der Energie des auffallenden Lichtes E, so empfängt unser Spiegel in der Zeiteinheit die Energie $fE(V+v)$. Das reflektierte Licht wird sich vom bewegten Spiegel um die Geschwindigkeit v langsamer entfernen als vom ruhenden, da sich der Spiegel und das reflektierte Licht in derselben Richtung bewegen. Das in der Sekunde reflektierte Licht befindet sich daher in einem Raume von der Größe $f(V-v)$, und die gesamte Energie in diesem Raume, soweit sie dem reflektierten Lichte zukommt, wird sein $fE'(V-v)$. Die Energieerhöhung, welche gleich der aufgewendeten Arbeit fpv für die Bewegung des Spiegels sein muß, ist somit

$$fpv = fE'(V-v) - fE(V+v),$$

was die Beziehung ergibt

$$(41) \qquad pv = E'(V-v) - E(V+v).$$

Ebenso wie das in der Sekunde einfallende Licht aus einem Raum $f(V+v)$ kommt und in einen Raum $f(V-v)$ übergeht, muß auch eine bestimmte Zahl einfallender Wellen, welche der Länge $V+v$ entsprechen, nach der Reflexion auf die Strecke $V-v$ sich zusammenschieben.

Es ist demnach das Verhältnis der Wellenlänge vor der Reflexion zur Wellenlänge nachher

$$\frac{\lambda}{\lambda'} = \frac{V+v}{V-v}.$$

Nun wissen wir aber aus dem vorhergehenden Paragraphen, daß die Energiedichte

$$E = \frac{k}{\lambda^2}$$

ist, falls die Amplitüde und die Fortpflanzungsgeschwindigkeit der Welle als konstant angesehen werden kann. Wir haben ferner bereits gesehen, daß die Amplitüde der reflektierten Welle gleich jener der einfallenden sein muß. Dies gilt natürlich auch für die Fortpflanzungsgeschwindigkeit, da ja die einfallende und reflektierte Welle sich im selben Medium befinden. Es ist somit die Energiedichte des reflektierten Lichtes

$$E' = \frac{k}{\lambda'^2},$$

oder es wird

$$\frac{E'}{E} = \frac{\lambda^2}{\lambda'^2} = \left(\frac{V+v}{V-v}\right)^2.$$

Demnach können wir die Gleichung (41) folgendermaßen umwandeln. Es ist

$$pv = E'(V-v) - E(V+v) = E\left[\frac{E'}{E}(V-v) - (V+v)\right]$$

$$= E\left[\left(\frac{V+v}{V-v}\right)^2 (V-v) - (V+v)\right] = E\,\frac{V+v}{V-v}\cdot 2v.$$

Oder es ist

$$p = 2E\,\frac{V+v}{V-v}.$$

Damit ist die Größe des Druckes gegeben, welchen senkrecht einfallendes Licht von der Energiedichte E auf die Flächeneinheit eines vollkommenen Spiegels ausübt, der sich mit der Geschwindigkeit v bewegt.

Da über die Größe der Geschwindigkeit v keine besondere Annahme gemacht wurde, so können wir sie auch verschwindend klein wählen. Dann erhalten wir den Druck auf einen ruhenden Spiegel. Derselbe wird also sein

$$p = 2E.$$

Es ergibt sich somit die überaus einfache Beziehung, daß der Druck des Lichtes, welches senkrecht auf eine vollkommen spiegelnde Fläche auffällt, gleich der doppelten Energiedichte der einfallenden Strahlen ist.

§ 35. Der Druck schief auffallender Strahlen.

Der Spiegel S (Fig. 7) bewege sich in der Richtung AX mit der Geschwindigkeit v. Im Punkt A falle ein Lichtstrahl unter dem Winkel α auf den Spiegel. Wir denken uns in A eine sehr kleine Fläche dS des Spiegels, so befindet sich das Licht, welches in der Sekunde dS trifft, falls der Spiegel ruht, in dem Raum $VdS\cos\alpha$, unter V wieder die Lichtgeschwindigkeit verstanden. Bewegt sich jedoch der Spiegel mit der Geschwindigkeit V in der genannten Weise, so kommt er in einer Sekunde von A nach A'. Das Licht, welches ihn in A' trifft, war also vor einer Sekunde um V von A' entfernt. Das gesamte auf den Spiegel auftreffende Licht befand sich daher auf einer Strecke, welche gleich ist V vermehrt um die Strecke

$$AB = v\cos\alpha.$$

Dieser Raum ist somit

$$(V + v\cos\alpha)\,dS\cos\alpha\,.$$

Analog erhalten wir nach dem Vorgange des vorhergehenden Paragraphen für den Raum, in welchem sich das in der Sekunde reflektierte Licht befindet,

$$(V - v\cos\alpha)\,dS\cos\alpha\,.$$

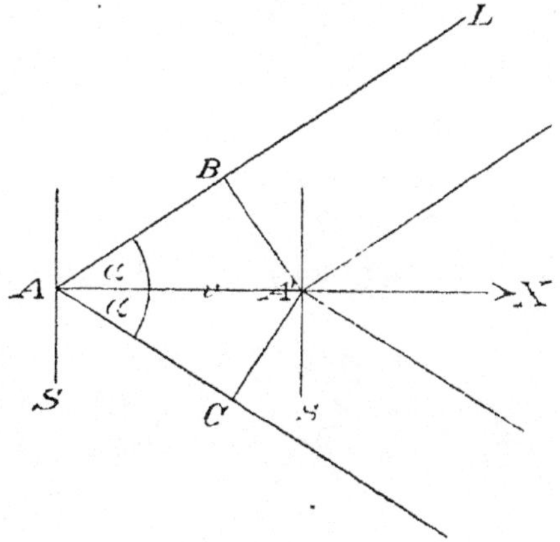

Fig. 7.

Ferner muß die Wellenlänge des einfallenden und reflektierten Strahles in dem Verhältnis stehen

$$\frac{\lambda}{\lambda'} = \frac{V + v\cos\alpha}{V - v\cos\alpha}\,.$$

Das Verhältnis der Energiedichten wird schließlich sein

$$\frac{E'}{E} = \frac{\lambda^2}{\lambda'^2} = \left(\frac{V + v\cos\alpha}{V - v\cos\alpha}\right)^2.$$

Übt das einfallende Licht auf die Fläche dS den Druck p aus, so muß bei der Bewegung des Spiegels wieder in der Sekunde die Arbeit $p\,v\,d\,S$ geleistet werden, die gleich der Energieerhöhung des Lichtes ist. Diese ist nach dem Obigen

$$E'(V - v\cos\alpha)\,d\,S\cos\alpha - E(V + v\cos\alpha)\,d\,S\cos\alpha\,,$$

wonach wir die Gleichung erhalten

$$p\,v = [E'(V - v\cos\alpha) - E(V + v\cos\alpha)]\cos\alpha$$

$$= E\left[\frac{E'}{E}(V - v\cos\alpha) - (V + v\cos\alpha)\right]\cos\alpha$$

$$= E\left[\left(\frac{V + v\cos\alpha}{V - v\cos\alpha}\right)^2 (V - v\cos\alpha) - (V + v\cos\alpha)\right]\cos\alpha\,.$$

Daraus findet man nach leichter Reduktion

$$p = 2\,E\,\frac{V + v\cos\alpha}{V - v\cos\alpha}\cos^2\alpha\,,$$

oder wenn wir v unendlich klein werden lassen, d. h. für den ruhenden Spiegel

$$p = 2\,E\cos^2\alpha\,. \tag{42}$$

§ 36. Der Druck der Hohlraumstrahlung.

Nach § 27 haben wir uns bei vorhandenem Temperaturgleichgewicht vorzustellen, daß in einem Hohlraum die Strahlung nach allen Richtungen des Raumes gleichmäßig erfolgt. Haben wir eine vollkommen spiegelnde Fläche in unserem Hohlraum, so wird sie einen bestimmten Druck erfahren, den wir folgendermaßen berechnen wollen.

Die Dichte der Strahlungsenergie sei wieder E. Von dieser Energiemenge wird ein gewisser Teil dE jenen

Strahlen angehören, die mit dem Einfallslot OE (Fig. 8) unseres vollkommenen Spiegels einen Winkel zwischen α und $\alpha + d\alpha$ einschließen. Denken wir uns nun sämtliche Richtungen vom Mittelpunkt einer Kugel vom Radius Eins ausgehend, so treffen jene von uns ins Auge gefaßten Strahlen die Oberfläche der Kugel innerhalb der Zone ZZ', und es verhält sich ihre Zahl zur Gesamtzahl der Richtungen wie die Fläche der Zone zur Gesamtfläche der Kugel, also wie $2\pi \sin\alpha\, d\alpha$ zu 4π. (Vgl. Bd. II, § 57.) Die Energiemenge dE übt aber nach Gleichung (42) den Druck

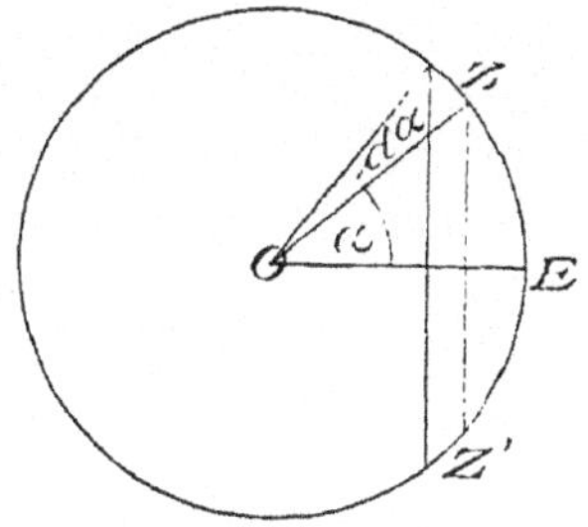

Fig. 8.

$$dp = 2\,dE \cos^2\alpha = E \cos^2\alpha \sin\alpha\, d\alpha$$

aus. Den gesamten Druck, den somit die Flächeneinheit eines vollkommenen Spiegels durch die Hohlraumstrahlung erfährt, erhalten wir, indem wir die letzte Gleichung zwischen den Grenzen 0 und $\frac{\pi}{2}$ integrieren, da ja sämtliche auftreffende Strahlen mit dem Einfallslot Winkel bilden, die zwischen 0 und $\frac{\pi}{2}$ liegen. Es ist daher

$$p = E \int_0^{\frac{\pi}{2}} \cos^2\alpha \sin\alpha\, d\alpha = E \left[- \frac{\cos^3\alpha}{3} \right]_0^{\frac{\pi}{2}} = \frac{E}{3}\,.$$

Es resultiert der wichtige Satz: **Der Druck der Hohlraumstrahlung auf einen vollkommenen Spiegel ist gleich dem dritten Teil der Energiedichte.**

§ 37. Das Stefansche Strahlungsgesetz.

Von J. Stefan wurde auf empirischem Wege das Gesetz gefunden, daß die Wärmemenge, welche von einem Körper in der Sekunde ausgestrahlt wird, proportional der vierten Potenz seiner absoluten Temperatur ist, oder es ist die Wärmezufuhr W, welche ein Körper von der Temperatur T' durch einen Körper von der höheren Temperatur T in der Sekunde erfährt,

$$W = a(T^4 - T'^4),$$

wobei a eine Konstante ist, deren Größe durch die Lage Gestalt, Oberflächenbeschaffenheit der Körper usw. bestimmt wird. Es ist Boltzmann gelungen, durch Anwendung der Sätze der mechanischen Wärmetheorie auf die Strahlung das Stefansche Gesetz für vollkommen schwarze Körper zu beweisen, wobei er ungefähr folgendermaßen vorging.

Wir denken uns einen Zylinder (Fig. 9) vom Querschnitt Eins mit einem verschiebbaren Stempel SS', der innen vollkommen spiegelt. Das abgeschlossene Volumen ist somit x, und wenn E die Energiedichte der Hohlraumstrahlung, so ist xE die gesamte im Hohlraume vorhandene Energie. Auf den Stempel SS' wirkt der Strahlungsdruck $p = \frac{E}{3}$. Aus § 27 wissen wir,

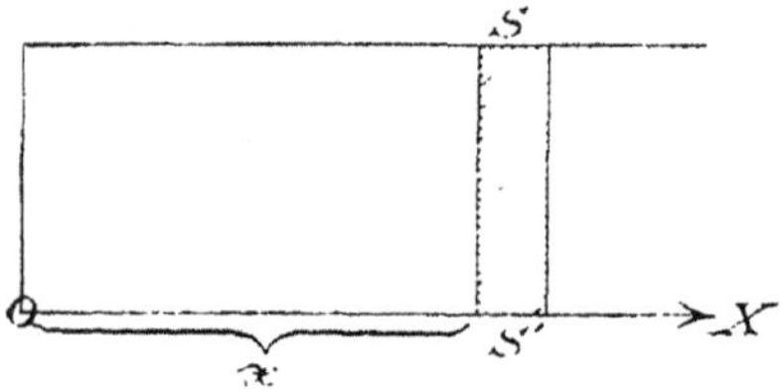

Fig. 9.

daß die Energiedichte lediglich eine Funktion der Temperatur ist. Wir setzen deshalb

$$E = \varphi(T),$$

wobei T die absolute Temperatur bedeutet.

Dadurch, daß wir die Temperatur um dT erhöhen, können wir dem Hohlraume eine Wärmemenge dQ zuführen. Dieselbe wird verwendet zur Erhöhung der Energie der Hohlraumstrahlung und zur Arbeitsleistung, falls der Stempel etwa um dx verschoben wird. Wir haben somit

$$dQ = d(xE) + p\,dx = E\,dx + x\,dE + \frac{E}{3}\,dx\,,$$

da ja $p = \frac{E}{3}$, oder

$$dQ = x\,dE + \tfrac{4}{3}E\,dx = x\,\varphi'(T)\,dT + \tfrac{4}{3}\varphi(T)\,dx\,.$$

Bilden wir das Differential der Entropie (Bd. II. § 44), so erhalten wir

$$\frac{dQ}{T} = \frac{x\,\varphi'(T)}{T}\,dT + \frac{4}{3}\,\frac{\varphi(T)}{T}\,dx\,.$$

Da $\frac{dQ}{T}$ ein vollständiges Differential, so hat es die Eigenschaft (Bd. II, § 46), daß

$$\frac{\partial}{\partial x}\left[\frac{x\,\varphi'(T)}{T}\right] = \frac{\partial}{\partial T}\left[\frac{4}{3}\,\frac{\varphi(T)}{T}\right]$$

sein muß. Dies ergibt

$$\frac{\varphi'(T)}{T} = \frac{4}{3}\,\frac{\varphi'(T)}{T} - \frac{4}{3}\,\frac{\varphi(T)}{T^2}\,,$$

oder nach leichter Reduktion

$$\frac{\varphi'(T)}{\varphi(T)} = \frac{4}{T}\,.$$

Multiplizieren wir beide Seiten dieser Gleichung mit dT und integrieren wir, so erhalten wir

$$l\varphi(T) = 4\,l\,T + l\,A\,,$$

wobei lA eine willkürliche Konstante ist. Die letzte Gleichung läßt sich nun noch verwandeln in

$$\varphi(T) = A\,T^4\,.$$

Unter $\varphi(T)$ verstanden wir aber die Energiedichte der Hohlraumstrahlung. Da die in der Zeiteinheit auf die Flächeneinheit auffallende Energiemenge bei der Hohlraumstrahlung aber gleich ist der von der Flächeneinheit eines vollkommen schwarzen Körpers ausgestrahlten Menge und proportional der Energiedichte ist, so muß auch die in der Zeiteinheit ausgestrahlte Wärmemenge proportional der vierten Potenz der absoluten Temperatur sein, was nichts anderes als der Inhalt des Stefanschen Strahlungsgesetzes ist.

§ 38. Verschiebung der Spektrallinien nach Dopplers Prinzip.

Nach dem Dopplerschen Prinzip (Bd. I, § 72) sendet ein Körper, von dem eine Wellenbewegung mit der Schwingungszahl n ausgeht, auf einen zweiten, gegen welchen er sich mit der Geschwindigkeit v bewegt, in der Sekunde $\frac{a}{a-v}\,n$ Wellen, wenn a die Fortpflanzungsgeschwindigkeit der Wellen ist. Ist die Quelle der Wellenbewegung in Ruhe, und es nähert sich ihr ein Körper mit der Geschwindigkeit v, so empfängt er in der Sekunde $\frac{a+v}{a}\,n$ Wellen. Wenden wir dies auf die Lichtwellen an, so empfangen wir von einer Lichtquelle, die sich uns mit der Geschwindigkeit v nähert, Licht von der Schwingungszahl

$$n' = \frac{V}{V-v}\,n\,,$$

wenn V die Lichtgeschwindigkeit bedeutet. Die Wellenlänge des Lichtes ist

$$\lambda = \frac{V}{n'} = \frac{V - v}{n}.$$

Die Wellenlänge ist also kleiner geworden, wir haben Licht stärkerer Brechbarkeit im Vergleich zu jenem des ruhenden Körpers. Entwerfen wir daher ein Spektrum, so werden die Spektrallinien gegen das violette Ende verschoben erscheinen. Aus der Größe der Verschiebung sind wir aber in der Lage die Änderung der Wellenlänge und daraus die Geschwindigkeit v zu berechnen, mit welcher sich uns die Lichtquelle nähert. Bei entgegengesetzter Verschiebung der Spektrallinien schließen wir natürlich analog auf eine sich entfernende Lichtquelle.

Ist die Lichtquelle in Ruhe, und wir nähern uns ihr mit der Geschwindigkeit v, so ist die scheinbare Schwingungszahl des Lichtes, welches wir empfangen,

$$n' = \frac{V + v}{V} n$$

oder

$$\lambda = \frac{V}{n'} = \frac{V^2}{(V + v)\,n} = \frac{V^2}{V\left(1 + \frac{v}{V}\right) n} = \frac{V}{n}\left(1 + \frac{v}{V}\right)^{-1}$$

$$= \frac{V}{n}\left(1 - \frac{v}{V}\right) = \frac{V - v}{n},$$

wobei wir voraussetzen, daß unsere Geschwindigkeit gegenüber der Lichtgeschwindigkeit eine kleine Größe ist. Bei den unserer Beobachtung zugänglichen Geschwindigkeiten ist tatsächlich v gegenüber V immer als sehr klein anzunehmen, so daß höhere Potenzen von $\frac{v}{V}$ vernachlässigt werden können. Es handelt sich also bei der Verschiebung der Spektrallinien immer nur um die relative Geschwindigkeit des Beobachters zur Lichtquelle. Derartige Verschiebungen zeigen z. B. die Spektrallinien der Fixsterne, und man kann daraus die Geschwindigkeit finden, mit welcher sie sich uns nähern oder von uns entfernen.

§ 39. Breite der Spektrallinien.

Stellen wir uns ein Gas nach der kinetischen Gastheorie vor (Bd. II, § 50—52), so gehen die Lichtwellen eines leuchtenden Gases von den Molekeln aus, die mit großer Geschwindigkeit umherfliegen, sich bei Wasserstoff etwa mit 2 km Geschwindigkeit uns nähern oder von uns entfernen können. Dazwischen liegen natürlich noch alle möglichen anderen Geschwindigkeiten relativ zu einem ruhenden Körper. Wir werden somit nach dem vorigen Paragraphen in einem Spektroskop Licht von allen möglichen Wellenlängen zwischen

$$\lambda_1 = \frac{V+v}{n} \quad \text{und} \quad \lambda_2 = \frac{V-v}{n}$$

beobachten können. Man pflegt den Unterschied

$$d\lambda = \lambda_1 - \lambda_2$$

die Breite der Spektrallinien zu nennen, welche somit gegeben ist durch

$$d\lambda = \frac{V+v}{n} - \frac{V-v}{n} = \frac{2V}{n}.$$

Besitzt ein leuchtender Körper mehrere Spektrallinien, so müssen jene mit kleinerer Schwingungszahl breiter als jene mit größerer sein, also die roten Linien breiter als die blauen, was tatsächlich beobachtet werden kann.

§ 40. Interferenzfähigkeit des Lichtes.

Lassen wir homogenes Licht von einem Newtonschen Farbenglas (Bd. II, § 17) reflektieren, so sehen wir in der Mitte einen dunklen Fleck, der von einer großen Anzahl dunkler Kreise umgeben ist. Heben wir mit Hilfe einer Schraube die Linse langsam von dem planparallelen Glas ab, so werden der dunkle Fleck sowie sämtliche Kreise kleiner. Schließlich verschwindet der dunkle Fleck, es tritt an seine Stelle ein heller. Die Kreise ziehen sich aber im.mer mehr zusammen, der innerste wird zum dunklen Fleck Es ist dann der Mittelpunkt der Linse von der Planplatte um $\frac{\lambda}{2}$ entfernt. Dieselbe Erscheinung zeigt sich bei der Entfernung

$\frac{2\lambda}{2}, \frac{3\lambda}{2} \ldots$ Je weiter wir die Linse von der Platte entfernen, desto mehr Kreise werden gegen die Mitte wandern und dort verschwinden.

Hätten wir vollkommen homogenes Licht, also Licht von einer ganz bestimmten Wellenlänge, so müßte der geschilderte Versuch bei jedem beliebigen Abstand der Linse von der Platte gelingen. In Wirklichkeit zeigt sich jedoch, daß die dunklen Kreise des Newtonschen Farbenglases mit wachsender Dicke der Luftschicht immer blasser werden und schließlich verschwinden. Es zeigt sich ferner, daß für verschiedene Lichtquellen dieses Verschwinden bei verschiedener Schichtdicke eintritt. Je größer die Schichtdicke werden kann, bis die Interferenzkreise verschwinden, desto größer, sagen wir, ist die Interferenzfähigkeit des Lichtes.

Die Interferenzfähigkeit steht in innigem Zusammenhange mit der von uns im vorigen Paragraphen definierten Breite der Spektrallinien. Hätten wir z. B. Licht, welches aus zwei Sorten von nahezu gleicher Wellenlänge λ_1 und λ_2 besteht, so werden anfänglich deutliche Interferenzringe auf dem Farbenglas auftreten. Es sei nun

$$\frac{k\lambda_1}{4} = \frac{(k+1)\lambda_2}{4},$$

wobei k eine größere gerade Zahl sein soll. In diesem Falle wird für die Schichtdicke $\frac{k\lambda_1}{4}$ des Farbenglases das Licht von der Wellenlänge λ_1 ausgelöscht, jenes von der Wellenlänge λ_2 besitzt ein Helligkeitsmaximum. Wir werden daher keine Interferenzringe mehr wahrnehmen. Bei größerer Schichtdicke können jedoch wieder sichtbare Interferenzringe auftreten. Diese Beobachtung wurde tatsächlich von Fizeau bei Natriumlicht gemacht, und er zog daraus bereits den Schluß, daß das Natriumlicht aus zwei Lichtsorten bestehen muß, was vom Spektroskop ja tatsächlich bestätigt wird.

Haben wir nun Licht von einer bestimmten spektroskopischen Breite, so muß aus demselben Grunde von einer gewissen Schichtdicke des Farbenglases die Interferenzmöglichkeit aufhören und zwar um so früher, je breiter die Spektrallinien sind. Nach unserer Betrachtung im vorigen Paragraphen werden wir um so breitere Spektrallinien erhalten, je kleiner das Molekulargewicht des glühenden Dampfes ist. In der Tat hat sich bestätigt, daß das Quecksilberlicht weitaus interferenzfähiger ist als das Licht des in einer Geißlerröhre glühenden Wasserstoffes.

Elektronik.

§ 41. Theorien der Elektrizität — Elektronentheorie.

Man hat ursprünglich, ähnlich wie die Wärme, so auch die Elektrizität als einen Stoff behandelt, der wie eine Art Fluidum die Körper erfüllt. Die unitarische Theorie nahm nur ein Fluidum an und nannte einen Körper negativ elektrisch, wenn sein elektrostatisches Potential niedriger als jenes der Umgebung, positiv, wenn es höher war. Die dualistische Theorie nahm zwei Fluida entgegengesetzter Eigenschaft, die positive und die negative Elektrizität an (Bd. III, § 1).

Durch J. Cl. Maxwell wurde eine neue Theorie der elektrischen und magnetischen Erscheinungen gegeben, die gleichzeitig die Erscheinungen der Optik mit umfaßt. Diese Theorie versetzt die Elektrizität nicht als Fluidum in einen Leiter, sondern sucht die wesentlichen Ursachen der elektromagnetischen Erscheinungen in einem bestimmten veränderlichen Spannungszustand in den Nichtleitern, zu denen in erster Linie der Äther gehört. Die Maxwellsche Theorie wurde besonders durch die Hertzschen Experimente (§ 25) gestützt.

Trotzdem gab es noch verschiedene Erscheinungen, welche mit Hilfe der Maxwellschen Anschauungen zu erklären man nicht in der Lage war. Es stellte deshalb H. A. Lorentz eine Art Vereinigung zwischen der Fluidums- und der Maxwellschen Theorie her, indem er der Elektrizität wiederum eine bestimmte Substanz zugrunde legte, welche wir als eine Art Fluidum betrachten können, das, ähnlich den Anschauungen, die wir über die Materie haben, nicht bis ins Unendliche teilbar ist, sondern bei welchem wir nach fortgesetzter Teilung schließlich zu konstanten, nicht mehr teilbaren Elektrizitätsmengen gelangen, die untereinander der Größe nach gleich sind. Ein solches kleinstes Teilchen — wir nehmen deren sowohl positive als negative an — führt den Namen „Elektron".

Jene Theorie, welche den elektrischen Erscheinungen die Elektronen zugrunde legt, nennen wir die Elektronentheorie oder Elektronik.

Ein Elektron ist nicht gleichzusetzen einem sehr kleinen Elektrizitätsteilchen der alten Fluidumtheorie, sondern man legt jedem Elektron ein elektromagnetisches Feld im Maxwellschen Sinne bei.

§ 42. Gesetz von der Erhaltung der Elektrizität — Elektrostatik.

Nach der Elektronentheorie muß ein Gesetz der Erhaltung der Elektrizität existieren, gerade so wie wir ein Gesetz von der Erhaltung der Materie oder der Energie haben. Es kann Elektrizität weder willkürlich vernichtet, noch aus nichts erzeugt werden; denn die Zahl der positiven sowohl als der negativen Elektronen ist eine fix gegebene.

Die Lehre von der ruhenden Elektrizität, die Elektrostatik, kann vom Standpunkte der Elektronik in genau derselben Weise entwickelt werden, wie nach der Fluidumstheorie. Wir haben hier ein vollkommenes Analogon in der Theorie der wägbaren Materie. Es kommt bei der Hydrostatik auf ein und dasselbe hinaus, ob wir uns eine Flüssigkeit als Kontinuum vorstellen oder aus Molekeln bestehend, deren Zahl auch in den kleinsten von uns herstellbaren Räumen eine derartig große ist, daß die Erscheinungen nicht als Erscheinungen der einzelnen Molekeln, sondern als Durchschnittsresultat einer sehr großen Zahl derselben anzusehen sind.

§ 43. **Konstitution der Lösungen — Ionen — Elementarquantum.**

Nach Clausius nimmt man an, daß sich im allgemeinen ein Elektrolyt, d. i. ein Salz, eine Säure oder eine Basis, welche wir in Wasser lösen, in zwei Teile spaltet, die sogenannten Ionen, deren einer positiv, deren anderer negativ elektrisch geladen ist. Es ist nicht nötig, daß sich die gesamte gelöste Substanz zerlegt, es ist sogar die Regel, daß nur ein Teil der Molekeln in Ionen zerfällt, welche wir in der Lösung als selbständig vorhanden annehmen müssen. So spaltet sich die Salzsäuremolekel HCl in einfache Wasserstoff- und Chlormolekeln, H und Cl, deren letztere negativ, erstere positiv geladen sind. Ebenso spaltet sich die Kochsalzmolekel NaCl in das positive Na-Ion und das negative Cl-Ion. In den genannten Fällen und ähnlichen, bei welchen die Ionen, wie man zu sagen pflegt, chemisch einwertig sind, nimmt man an, daß jedes Ion eine ganz bestimmte elektrische Ladung besitzt, die für alle Ionen denselben Wert hat, nur mit dem Unterschied, daß sie für das eine Ion, das Anion, negativ, für das Kation positiv ist.

Diese Ladung $+e$ oder $-e$, welche auf einem einwertigen Ion einer Molekel sitzt, stellen wir uns als die kleinstmögliche Elektrizitätsmenge vor. Wir haben hier also Elektronen (§ 41) vor uns. Speziell die Menge $+e$ oder $-e$ der Elektrizität, welche ein Elektron besitzt, nennen wir das „Elementarquantum" der Elektrizität.

§ 44. Elektrische Leitfähigkeit verdünnter Lösungen — Abhängigkeit von der Konzentration und der Temperatur.

In einem würfelförmigen Gefäß von der Kantenlänge 1 cm befinde sich eine verdünnte Lösung; das ist eine Lösung, die nur eine sehr geringe Menge des Elektrolyten in der Volumseinheit enthält. In solchen Lösungen denken wir uns alle gelösten Molekeln in ihre Ionen zerlegt. Wir sagen: das Salz ist vollständig dissoziiert.

Zwei gegenüberliegende Seiten unseres Würfels seien die Elektroden eines elektrischen Stromes. Zwischen denselben wird daher eine bestimmte elektromotorische Kraft $\mathfrak{E}$ vorhanden sein, welche jedes Kation mit der Kraft $\mathfrak{E}e$ zur Kathode, jedes Anion mit derselben Kraft zur Anode treibt. Infolge der Zähigkeit der Lösung finden die wandernden Ionen einen Widerstand, der proportional ihrer Geschwindigkeit ist (Bd. I, § 64). Letztere wird konstant, sobald der Widerstand, den die Ionen erfahren, gleich der Kraft ist, welche sie bewegt. Es wird somit die Maximalgeschwindigkeit, die übrigens praktisch in einer Zeit erreicht wird, welche wir vernachlässigen können, immer proportional $\mathfrak{E} e$ sein und wird außerdem von der Natur, und zwar wesentlich von der Größe des Ions abhängen.

Die Geschwindigkeit, mit welcher die positiven Teilchen, die Kationen, wandern, sei u_1, die der Anionen v_1. Sind N Molekeln in der Volumseinheit gelöst, so gelangen in dem von uns betrachteten Falle infolge der Wanderung der Kationen allein Nu_1 Kationen in der Sekunde an die Kathode. Gleichzeitig entfernen sich die Anionen mit der Geschwindigkeit v_1 von der Kathode. Dadurch entsteht in der Sekunde an der Kathode ein von Anionen freier Raum von der Größe v_1, der also Nv_1 freie Kationen und damit ebenfalls freie Elektrizität enthalten muß, welche an der Kathode neutralisiert wird. Es wird also in der Sekunde an die Kathode die Elektrizitätsmenge

$$(Nu_1 + Nv_1) e = N(u_1 + v_1) e$$

abgegeben. Dieselbe Menge geht durch die Anode scheinbar in die Lösung über, indem dort aus der Lösung die Menge $-N(u_1 + v_1) e$ frei wird und eine gleichgroße Menge positive Elektrizität, die der Anode von außen zugeführt werden muß, neutralisiert. Das Ganze gestaltet sich also so, als würde die Lösung einfach von einem Strom von der Intensität $N(u_1 + v_1) e$ durchflossen.

Nach dem Ohmschen Gesetz (Bd. III, § 48) ist die Stromstärke

$$i = \frac{E}{w},$$

wenn wir unter E die elektromotorische Kraft, unter w den Widerstand des Leiters verstehen. Für unseren Fall ist

$$i = N(u_1 + v_1) e, \quad E = \mathfrak{E}$$

und w ist der Widerstand des Würfels von 1 cm Seitenlänge. Setzen wir

$$L = \frac{1}{w},$$

so verstehen wir unter L das spezifische Leitvermögen der Lösung. Wir können also auch die Gleichung bilden

$$N(u_1 + v_1)\, e = L\mathfrak{E}\,. \tag{43}$$

Nennen wir die Geschwindigkeit der Ionen beim Potentialgefälle Eins u bzw. v, so ist

$$u_1 + v_1 = (u + v)\,\mathfrak{E}\,,$$

und es folgt aus Gleichung (43)

$$N(u + v)\, e = L\,.$$

Die Zähigkeit verdünnter Lösungen ist von jener des Lösungsmittels wenig verschieden. Wir können daher für verdünnte Lösungen die Geschwindigkeiten u und v als unabhängig von der Konzentration N der Lösung annehmen. Setzen wir ferner voraus, daß alle gelösten Molekeln vollkommen dissoziiert sind, so ist die Leitfähigkeit L einer verdünnten Lösung einfach proportional der Konzentration.

Die Zähigkeit der Flüssigkeiten nimmt mit der Temperatur ab. Die Leitfähigkeit muß daher zunehmen, und zwar für verdünnte Lösungen desselben Lösungsmittels unabhängig von der Natur der gelösten Substanz. In der Tat zeigen alle verdünnten wässerigen Lösungen, für welche unsere Voraussetzungen zutreffen, eine Abhängigkeit der Leitfähigkeit von der Temperatur, die für alle Lösungen dieselbe ist.

§ 45. Die Loschmidtsche Zahl — Masse einer Molekel — Größe des Elementarquantums.

Die kinetische Gastheorie liefert für die mittlere Weglänge einer Molekel die Formel

$$\lambda = \frac{3}{4 N \pi \sigma^2}$$

(Bd. II, § 57), wobei N die Zahl der Molekeln in der Volumseinheit, σ den Durchmesser einer Molekel bedeutet. Da wir nun in der Lage sind, sowohl λ als die Größe σ zu berechnen (Bd. II, § 58 u. 60), so ist damit auch die Zahl der Molekeln in der Volumseinheit gegeben. Dieselbe beträgt für einen Kubikzentimeter eines Gases unter dem Drucke einer Atmosphäre bei 0 ° C etwa 21 Trillionen. Ein Gramm Wasserstoff nimmt unter den genannten Bedingungen etwa 11 Liter ein. Eine Grammolekel Wasserstoff, das sind 2 Gramm, da ja die chemische Formel des Wasserstoffes H_2 lautet, ist also ungefähr 22000 cm^3, was mit 21 Trillionen multipliziert die Zahl der Molekeln einer Grammolekel ergibt. Dieselbe ist ungefähr $5 \cdot 10^{23}$, die wir, da Loschmidt zuerst den Weg dazu gezeigt hat, die Loschmidtsche Zahl nennen.

Dividieren wir nun 2, das ist das Molekulargewicht des Wasserstoffes, durch $5 \cdot 10^{23}$, so erhalten wir das Gewicht bzw. die Masse einer Wasserstoffmolekel. Die Hälfte davon ist dann die Masse eines Wasserstoffatoms, wofür wir die Zahl

$$m = 2 \cdot 10^{-24} \text{ g}$$

erhalten. Es kann sich dabei natürlich nur um die Größenordnung handeln.

Wir sind jetzt auch in der Lage, die Größe des Elementarquantums der Elektrizität zu berechnen. Man kann ja die Elektrizitätsmenge bestimmen, welche eine Grammolekel eines Ions bei der Elektrolyse an die Elektrode abgibt. Man fand dafür 96540 Coulomb (Bd. III, § 53) oder 9654 absolute elektromagnetische Einheiten. Rechnen wir diese Elektrizitätsmenge in elektrostatisches Maß um, so haben wir die genannte Zahl mit $3 \cdot 10^{10}$ zu multiplizieren (Bd. III, § 52). Dividieren wir die abgegebene Elektrizitätsmenge durch die Loschmidtsche Zahl, so erhalten wir die Größe der Ladung einer Molekel oder das Elementarquantum e der Elektrizität. Dafür ergibt sich also

$$e = \frac{9654 \cdot 3 \cdot 10^{10}}{5 \cdot 10^{23}} = 5{\cdot}8 \cdot 10^{-10}$$

elektrostatische Einheiten. Auch die Genauigkeit dieser Zahl ist natürlich so aufzufassen, daß sie lediglich die Größenordnung des Elementarquantums angibt.

§ 46. Die Hittorfschen Überführungszahlen — Geschwindigkeit der Ionen.

Wir denken uns einen prismatischen Trog (Fig. 10) von 2 cm Länge und 1 cm² Querschnitt. Die beiden Endflächen AA' und BB' seien die Elektroden eines Stromes. Das Potentialgefälle von A gegen B bezogen auf die Längeneinheit sei Eins. Es bewegen sich dann die Anionen mit der Geschwindigkeit v gegen B, die Kationen mit der Geschwindigkeit u gegen A. Die Zeit, während welcher der Strom die Lösung durchfließt, sei t. Es verschieben sich dabei sämtliche Kationen um die Strecke ut, sie befinden sich danach in dem Raume $aa'bb'$.

Sämtliche Anionen wandern in der Richtung BA und legen in der Zeit t den Weg vt zurück. Sie befinden sich nachher in dem Raume $a_1 a_1' b_1 b_1'$. Sind ursprünglich in der Volumseinheit N Molekeln der gelösten Substanz, so hätten wir, vollkommene Dissoziation vorausgesetzt, nach der Zeit t unzerlegte Substanz nur innerhalb des Raumes $a a' b_1 b_1'$, wenn sich die gelöste Substanz nicht durch Diffusion weiter verbreiten würde.

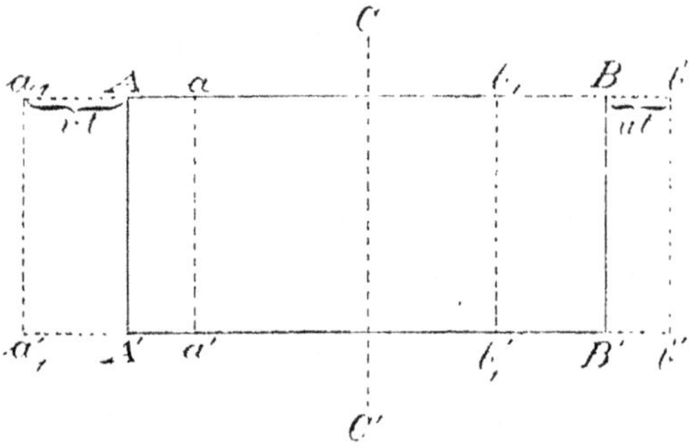

Fig. 10.

Trennen wir nun den Trog durch eine Wand CC' in zwei Hälften, so enthält die eine Hälfte $AA'CC'$ $N(1-ut)$ Molekeln gelöste Substanz, die andere Hälfte $N(1-vt)$ Molekeln. Nennen wir die ursprüngliche Konzentration der Lösung C, C_a die mittlere Konzentration im Raume $AA'CC'$ und C_k die mittlere Konzentration in der Hälfte $CC'BB'$, so haben wir die Beziehung

$$C_a : C = N(1-ut) : N,$$

oder es ist

$$C_a = C(1-ut).$$

In derselben Weise finden wir

$$C_k = C(1-vt).$$

Oder es ist

$$(44) \qquad u = \frac{C - C_a}{Ct}, \qquad v = \frac{C - C_k}{Ct}.$$

Wir sind also in der Lage, die absolute Geschwindigkeit der Ionen zu bestimmen.

Hittorf, der sich hauptsächlich um die Klarlegung der Vorgänge bei der Elektrolyse verdient gemacht hat, bestimmte aus seinen Versuchen die Größe

$$n = \frac{v}{u + v}$$

und nannte n die Überführungszahl. Dieselbe wird nach den Gleichungen (44)

$$n = \frac{v}{u + v} = \frac{C - C_k}{2\,C - C_a - C_k}.$$

Da es sich bei der Überführungszahl nur um das Verhältnis der Geschwindigkeiten der Ionen handelt, so ist es gleichgültig, bei welcher elektromotorischen Kraft, Stromstärke und über welche Zeit die Versuche gemacht werden. Es handelt sich, wie aus der rechten Seite unserer Gleichung hervorgeht, nur um die Bestimmung der Konzentrationen C, C_a und C_k.

Im § 44 fanden wir für die Leitfähigkeit einer verdünnten Lösung

$$L = Ne(u + v).$$

Daraus folgt

$$u + v = \frac{L}{Ne}.$$

Die Leitfähigkeit ist leicht zu messen, desgleichen ist die Größe Ne bestimmbar. Sie ist ja nichts anderes als die gesamte Elektrizität, welche das Kation in einem Kubikzentimeter der Lösung trägt. Diese Größe ist aber nach den Angaben des vorhergehenden Paragraphen aus der Konzentration der Lösung ohne weiteres zu bestimmen. Wir erhalten somit für die Überführungszahl

$$n = \frac{v}{u + v} = \frac{v N e}{L},$$

oder für die Geschwindigkeit

$$v = \frac{n L}{N e},$$

wobei alle Größen auf der rechten Seite der Gleichung der Messung zugänglich sind. Kennen wir v, so ist natürlich auch u durch den bekannten Wert von $u + v$ gegeben. Nach dieser Methode bestimmte F. Kohlrausch die Geschwindigkeit der Ionen. Für ein Potentialgefälle von einem Volt liegen sie etwa zwischen 0,003 und 0,0001 cm.

§ 47. Konzentrationsketten.

Lassen wir zwei Zinksulfatlösungen verschiedener Konzentration einander berühren, in welchen Zinkstäbe als Elektroden stecken, so erhalten wir ein galvanisches Element, dessen elektromotorische Kraft durch die verschiedene Konzentration der Lösungen verursacht wird. Man nennt daher solche Ketten Konzentrationsketten. Wir betrachten als Ursache des elektrischen Stromes das verschieden schnelle Diffundieren der Ionen nach den Stellen geringerer Konzentration. Legen wir senkrecht zum Konzentrationsgefälle eine Fläche, so wird durch dieselbe mehr Elektrizität von der einen Art hindurchgetrieben als von der entgegengesetzten; was direkt einer elektrischen Strömung entspricht.

Um die Größe der elektromotorischen Kraft einer Konzentrationskette zu finden, wollen wir folgendermaßen verfahren. Wir denken uns einen vertikalen Zylinder (Fig. 11), welcher eine Lösung mit nach oben abnehmender Konzentration enthält. Die Diffusion wird daher nach oben in der Richtung der x-Achse stattfinden. Wir wollen ein Element des Zylinders von der Länge dx betrachten. An seiner unteren Fläche sei der osmotische Druck der Lösung p, an der oberen p'. Da sich die Konzentration stetig ändern muß, so können wir p' darstellen durch

$$p' = p + \frac{dp}{dx} dx ,$$

oder

$$p - p' = -\frac{dp}{dx} dx .$$

Das ist die Kraft, welche auf die gelöste Substanz in dem Zylinderelement vom Volumen dx ausgeübt wird.

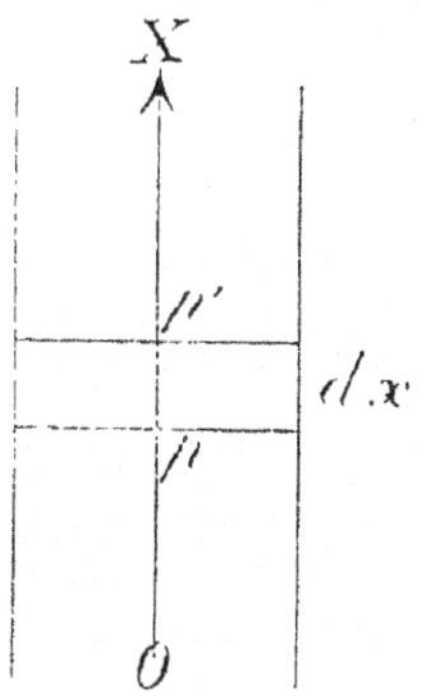

Fig. 11.

Haben wir im Zylinderelement eine Lösung von einer Konzentration, welche N Molekeln der gelösten Substanz im Kubikzentimeter enthält, so befinden sich $N dx$ Anionen und ebensoviel Kationen in dem Element dx, vorausgesetzt natürlich, daß wir wieder vollständige Dissoziation haben und sich jede Molekel des Elektrolyten in zwei einwertige Ionen zerlegt. Wir haben also im ganzen $2 N dx$ freie Molekeln im Volumen dx. Auf sämtliche wirkt die Kraft $-\frac{dp}{dx} dx$, auf eine also

$$-\frac{1}{2 N dx} \cdot \frac{dp}{dx} dx = -\frac{1}{2 N} \cdot \frac{dp}{dx} .$$

Die Geschwindigkeit, welche ein Kation bei dem Potentialgefälle Eins erlangt, nannten wir u, jene des Anions v. Die Kraft, welche dabei auf die Ionen wirkt, ist e bzw. $-e$, da ja e die Ladung eines Ions ist. Erreicht also bei der Kraft e ein Kation die Geschwindigkeit u, so erlangt es bei der Kraft Eins die Geschwindigkeit $\frac{u}{e}$, bei der Kraft $-\frac{1}{2N}\cdot\frac{dp}{dx}$ die Geschwindigkeit $-\frac{1}{2N}\cdot\frac{dp}{dx}\cdot\frac{u}{e}$. Gleichzeitig besitzt das Anion die Geschwindigkeit $-\frac{1}{2N}\cdot\frac{dp}{dx}\cdot\frac{v}{e}$. Beide Geschwindigkeiten sind gleich gerichtet, da sie ja beide nur durch den osmotischen Druck erzeugt werden. Da in der Volumseinheit N Kationen und ebensoviel Anionen vorhanden sind, so erhalten wir die Zahl der Kationen, welche in der Sekunde den Querschnitt unseres Zylinders von unten nach oben passieren, wenn wir N mit der Geschwindigkeit multiplizieren. Diese Zahl ist somit

$$N\cdot -\frac{1}{2N}\cdot\frac{dp}{dx}\cdot\frac{u}{e} = -\frac{1}{2}\frac{dp}{dx}\cdot\frac{u}{e}.$$

Die Zahl der passierenden Anionen ist analog $-\frac{1}{2}\frac{dp}{dx}\cdot\frac{v}{e}$.

Die Kationen tragen somit in der Sekunde die Elektrizitätsmenge

$$-\frac{1}{2}\frac{dp}{dx}\cdot\frac{u}{e}e = -\frac{1}{2}\frac{dp}{dx}u,$$

die Anionen

$$-\frac{1}{2}\frac{dp}{dx}\cdot\frac{v}{e}\cdot -e = \frac{1}{2}\frac{dp}{dx}v$$

durch den Querschnitt des Zylinders. Die Stromstärke in der Richtung der x-Achse ist daher

$$i = -\frac{1}{2}\frac{dp}{dx}(u - v) .$$

Nach dem Ohmschen Gesetz haben wir

$$i = \frac{dE}{dw} ,$$

wenn wir mit dE die elektromotorische Kraft auf der Strecke dx und mit dw den Widerstand des Zylinders von der Länge dx bezeichnen. Für unseren Fall ist somit

$$dE = i\,dw = -\frac{1}{2}\frac{dp}{dx}(u - v)\,dw .$$

Nennen wir den Widerstand der Längeneinheit w, so ist

$$dw = w\,dx .$$

Nach § 44 ist aber

$$w = \frac{1}{L} = \frac{1}{Ne(u + v)} ,$$

folglich

$$dE = -\frac{1}{2}\frac{dp}{dx}(u - v)\cdot\frac{1}{Ne(u + v)}\,dx$$

$$= -\frac{u - v}{u + v}\cdot\frac{1}{2Ne}\frac{dp}{dx}\,dx .$$

Die Größe des osmotischen Druckes, welche ganz analog dem Gasdruck gefunden wird, ist nach der kinetischen Theorie (Bd. II, § 51)

$$p = \frac{n\,m\,c^2}{3\,v} ,$$

wenn n die Zahl der in der Lösung vorhandenen Molekeln der gelösten Substanz, m die Masse einer solchen Molekel, c deren thermische Geschwindigkeit und v das Volumen der Lösung bedeutet. In unserem Falle ist

$$\frac{n}{v} = 2N,$$

das ist die Zahl der Molekeln in der Volumseinheit, daher

$$p = \frac{2 N m c^2}{3}$$

und

$$\frac{dp}{dx} = \frac{2 m c^2}{3} \cdot \frac{dN}{dx}.$$

Danach wird

$$dE = -\frac{u - v}{u + v} \cdot \frac{m c^2}{3 e} \cdot \frac{1}{N} \frac{dN}{dx} dx.$$

Integrieren wir jetzt über die ganze Länge des Zylinders, so erhalten wir für die gesamte elektromotorische Kraft

$$(45) \quad \begin{cases} E = -\dfrac{u - v}{u + v} \cdot \dfrac{m c^2}{3 e} \displaystyle\int_0^l \frac{1}{N} \frac{dN}{dx} dx \\ \quad = -\dfrac{u - v}{u + v} \cdot \dfrac{m c^2}{3 e} \left[l N \right]_0^l \\ \quad = -\dfrac{u - v}{u + v} \cdot \dfrac{m c^2}{3 e}\, l \dfrac{N_1}{N_0} = \dfrac{m c^2}{3 e} \cdot \dfrac{u - v}{u + v}\, l \dfrac{p_0}{p_1}. \end{cases}$$

Wir können nämlich das Verhältnis der Konzentrationen am Anfang und am Ende der Lösung $\frac{N_0}{N_1}$ durch das Verhältnis der dort herrschenden osmotischen Drucke $\frac{p_0}{p_1}$ ersetzen.

Die Größe $\frac{m c^2}{3 e}$ läßt sich experimentell bestimmen. Denken wir uns z. B. eine bestimmte Menge Wasserstoff elektrolytisch gewonnen, so wissen wir genau, welche Elektrizitätsmenge wir dazu brauchen. Haben wir n Atome abgeschieden, so benötigte dies eine Elektrizitätsmenge

$$M = n e .$$

Denken wir uns nun diesen abgeschiedenen Wasserstoff, der, wenn er die Elektrizität abgegeben hat, aus zweiatomigen Molekeln besteht, auf einen Kubikzentimeter zusammengepreßt, so haben wir in diesem Volumen $\frac{n}{2}$ Molekeln, welche einen Gasdruck

$$p = \frac{\frac{n}{2} m c^2}{3}$$

erzeugen. Nun ist

$$\frac{p}{M} = \frac{n m c^2}{6 n e} = \frac{1}{2} \frac{m c^2}{3 e},$$

oder es ist

$$\frac{m c^2}{3 e} = \frac{2 p}{M} = \frac{2 p_0 (1 + \alpha t)}{M} = \frac{2 p_0 \alpha}{M} \left(\frac{1}{\alpha} + t\right)$$

$$= \frac{2 p_0 \alpha}{M} T = a T,$$

wobei also a ein experimentell bestimmbarer Faktor und T die absolute Temperatur ist. Die elektromotorische

Kraft einer Konzentrationskette ist nach Gleichung (45) somit

$$E = a \frac{u - v}{u + v} T l \frac{p_0}{p_1}.$$

Messen wir die elekromotorische Kraft durch Volt und führen wir den Briggschen Logarithmus von $\frac{p_0}{p_1}$ ein, so wird $a = 0{\cdot}0002$.

§ 48. Der elektrische Strom — Rowlandeffekt — Elementarstrom.

Kommen Elektronen nach irgend einer Richtung in Bewegung, so entsteht ein elektrischer Strom. Dieser ist im wesentlichen also ein sogenannter Konvektionsstrom. Es war daher für die Elektronentheorie sehr wichtig, daß Rowland den Nachweis geliefert hat, daß mechanisch bewegte Elektrizität sich gerade so verhält wie ein gewöhnlicher galvanischer Strom, indem eine rotierende elektrisch geladene Scheibe die Magnetnadel ebenso ablenkt wie ein Kreisstrom.

Unter der Stromstärke verstehen wir natürlich wie immer die Elektrizitätsmenge, welche in der Zeiteinheit den Querschnitt eines Leiters passiert. Nehmen wir an, wir hätten in der Volumseinheit des Leiters N Elektronen. v sei ihre Geschwindigkeit bei der Bewegung durch den Leiter, q der Querschnitt des Leiters, so ist $q N v$ die Zahl der Elektronen, die in der Sekunde den Querschnitt passieren, und $N q v e = i$ die Stromstärke, da ja $N q v e$ die in der Zeiteinheit passierende Elektrizitätsmenge darstellt. Für ein lineares Stromelement $i ds$ erhalten wir die Gleichung

$$i ds = N q v e ds.$$

$Nq\,ds$ ist nun nichts anderes als die Zahl der Elektronen, deren Wirkungen nach außen, d. h. ihre elektromagnetischen Felder sich einfach addieren. ev können wir daher füglich einen Elementarstrom nennen. Seine Stärke ist also proportional dem Elementarquantum e und der Geschwindigkeit v des Elektrons.

§ 49. Energie des Elementarstromes.

Ist die Intensität eines magnetischen Feldes in irgend einem Punkte $\mathfrak{H}$, so folgt für die Energie in der Volumseinheit des Feldes an diesem Punkte die Größe

$$E = \frac{\mu}{8\pi}\mathfrak{H}^2$$

(§ 31 und 32).

Die Wirkung eines elektrischen Stromes können wir uns immer zusammengesetzt denken aus der Wirkung der einzelnen Stromelemente. Ein Stromelement $i\,ds$, welches von einem bestimmten Punkte M um die Strecke r entfernt ist und mit r den Winkel ϑ einschließt, erzeugt in M (Bd. III, § 39) eine magnetische Kraft $\frac{i\,ds\sin\vartheta}{r^2}$.
In dem Volumelement $d\tau$ im Punkte M wird daher die magnetische Energie

$$\frac{i^2(ds)^2\sin^2\vartheta}{8\pi r^4}\,d\tau$$

vorhanden sein, falls im Punkte M sich eine Substanz von der magnetischen Induktionskonstante Eins befindet. Ist dieselbe μ, so ist die Energie

$$dE = \frac{\mu\, i^2(ds)^2\sin^2\vartheta}{8\pi r^4}\,d\tau\,.$$

Denken wir uns anstatt $i\,ds$ einen Elementarstrom $e\,v$ (§ 48), so wird

$$(46) \qquad dE = \frac{\mu\, e^2\, v^2 \sin^2 \vartheta}{8\,\pi\, r^4}\, d\tau\,.$$

Wollen wir die gesamte Energie eines solchen Elementarstromes kennen lernen, so müssen wir bestimmte Annahmen machen, über welchen Raum dE zu integrieren ist. Wir wollen daher voraussetzen, wir hätten es mit einer kleinen Kugel vom Radius a mit der Geschwindig-

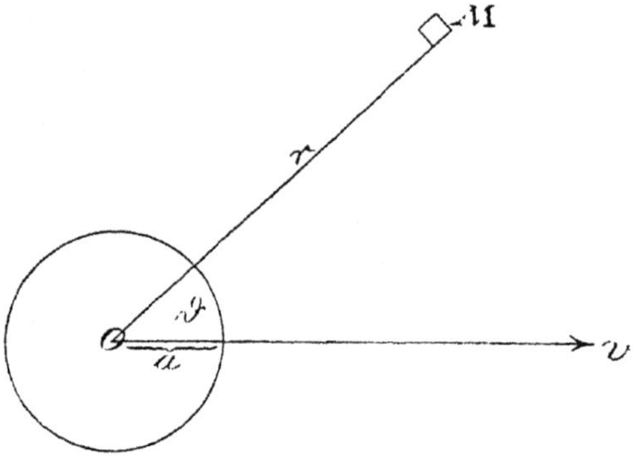

Fig. 12.

keit v zu tun, deren Ladung e gleichförmig über die Oberfläche der Kugel verteilt ist. Die Kugel bewege sich in der Richtung Ov (Fig. 12). Die Ladung der Kugel wirkt nach außen so, als wäre ihre Elektrizität im Mittelpunkte vereinigt. Nach innen ist die Wirkung gleich Null (Bd. III, § 3). Wir werden daher auch annehmen können, daß die magnetische Wirkung sich nur auf den Raum außerhalb der Kugel bezieht. Im Punkte M in der Entfernung r von O werden wir in dem Volumelement $d\tau$

daher jene magnetische Energie haben, welche durch die Gleichung (46) gegeben ist.

Denken wir uns nun r um dr, ϑ um $d\vartheta$ vergrößert, so beschreibt der Punkt M die Seiten dr und $r\,d\vartheta$ eines unendlich kleinen Rechteckes, dessen Fläche sonach $r\,dr\,d\vartheta$ ist. Nun soll die ganze Fig. 12 um Ov als Achse rotieren, so wird M einen Kreis beschreiben vom Halbmesser $r \sin\vartheta$, also vom Umfang $2\pi r \sin\vartheta$, und das Flächenelement $r\,dr\,d\vartheta$ hinterläßt als Spur ein Volumelement von der Größe $2\pi r^2 \sin\vartheta\,d\vartheta\,dr$. In diesem Volumelement haben wir die konstante Energiedichte $\frac{\mu e^2 v^2 \sin^2\vartheta}{8\pi r^4}$. Die darin enthaltene Energie ist daher

$$dE = \frac{\mu e^2 v^2 \sin^2\vartheta}{8\pi r^4} \cdot 2\pi r^2 \sin\vartheta\,d\vartheta\,dr$$

$$= \frac{\mu e^2 v^2 \sin^3\vartheta\,d\vartheta\,dr}{4 r^2}.$$

Wollen wir nun die gesamte Energie wissen, welche die bewegte Kugel im Raume besitzt, so haben wir einfach dE über den unendlichen Raum, das ist nach r von a bis ∞, nach ϑ von 0 bis π zu integrieren. Die Integration nach r ergibt

$$\frac{\mu e^2 v^2 \sin^3\vartheta\,d\vartheta}{4} \int_a^\infty \frac{dr}{r^2} = \frac{\mu e^2 v^2 \sin^3\vartheta\,d\vartheta}{4} \left[-\frac{1}{r}\right]_a^\infty$$

$$= \frac{\mu e^2 v^2 \sin^3\vartheta\,d\vartheta}{4a}.$$

Integrieren wir diesen Ausdruck noch nach ϑ, so erhalten wir die gesamte Energie

$$E = \frac{\mu e^2 v^2}{4a}\int_0^\pi \sin^3\vartheta\, d\vartheta = \frac{\mu e^2 v^2}{4a}\int_0^\pi (1 - \cos^2\vartheta)\sin\vartheta\, d\vartheta$$

$$= \frac{\mu e^2 v^2}{4a}\left[\int_0^\pi \sin\vartheta\, d\vartheta - \int_0^\pi \cos^2\vartheta \sin\vartheta\, d\vartheta\right]$$

$$= \frac{\mu e^2 v^2}{4a}\left[2 + \left(\frac{\cos^3\vartheta}{3}\right)_0^\pi\right] = \frac{\mu e^2 v^2}{4a}\left(2 - \frac{2}{3}\right) = \frac{\mu e^2 v^2}{3a}.$$

Wir wollen nun annehmen, unsere Kugel habe die Masse m, ihre kinetische Energie ist sonach $\frac{m v^2}{2}$. Gleichzeitig besitzt sie infolge ihrer Ladung die Energie $\frac{\mu e^2 v^2}{3a}$. Die Gesamtenergie ist somit

$$\frac{v^2}{2}\left(m + \frac{2\mu e^2}{3a}\right).$$

Die Kugel wird sich also unter dem Einfluß äußerer Kräfte so bewegen, als hätte sie die Gesamtmasse $m + \frac{2\mu e^2}{3a}$. Denken wir uns die gravitierende Masse unendlich klein, so wird sich die Kugel trotzdem nach den Regeln der Mechanik bewegen, als hätte sie die Masse $\frac{2\mu e^2}{3a}$. Diese Anschauungsweise können wir auch auf die Elektronen übertragen. Ob sie nun mit Massenatomen fix verbunden auftreten oder vollkommen frei, immer werden sie sich so bewegen, als hätten sie eine bestimmte Masse.

§ 50. Elektronen im elektrostatischen Felde.

Es sei ein elektrisches Feld gegeben durch die drei Komponenten X, Y, Z der elektromotorischen Kräfte parallel zu den drei Achsen eines rechtwinkligen Koordinatensystems. Die Ladung eines Elektrons sei e, seine Masse m, wobei sich nach dem vorigen Paragraphen m zusammensetzen kann aus „*mechanischer*“ und „*elektromagnetischer*“ *Masse*. Als Bewegungsgleichung des Elektrons erhalten wir somit nach den gewöhnlichen Regeln der Mechanik (Bd. I, § 6)

$$m \frac{d^2 x}{dt^2} = e X ,$$

$$m \frac{d^2 y}{dt^2} = e Y ,$$

$$m \frac{d^2 z}{dt^2} = e Z .$$

Unter der Voraussetzung eines homogenen elektrostatischen Feldes lassen sich die Gleichungen leicht integrieren. Wir erhalten

$$\frac{dx}{dt} = \frac{eX}{m} t + a ,$$

$$\frac{dy}{dt} = \frac{eY}{m} t + b ,$$

$$\frac{dz}{dt} = \frac{eZ}{m} t + c .$$

Es sind dies die *Geschwindigkeitskomponenten des Elektrons* zur Zeit t, wenn zu Beginn die Komponenten a, b und c vorhanden waren. Eine nochmalige Integration dieser Gleichungen ergibt dann

$$x = \frac{eX}{2m} t^2 + at + a_1 ,$$

$$y = \frac{eY}{2m} t^2 + bt + b_1 ,$$

$$z = \frac{eZ}{2m} t^2 + ct + c_1 .$$

Damit ist die Lage zur Zeit t gegeben, während zur Zeit Null das Elektron die Koordinaten a_1, b_1, c_1 hat. Es bewegt sich somit ein Elektron im homogenen elektrostatischen Felde genau so wie ein geworfener Körper unter dem Einfluß der Schwerkraft (Bd. I, § 7). Die Bahn ist eine Parabel.

§ 51. Elektrostatische Ablenkung der Kathodenstrahlen in der Braunschen Röhre.

Wir gehen von der Voraussetzung aus, die Kathodenstrahlen seien nichts anderes als von der Kathode ausgeschleuderte negative Elektronen. Ein solches Elektron wird sich demnach mit einer gewissen Geschwindigkeit v im Raume vorwärts bewegen. In der Braunschen Röhre ist nun eine derartige Anordnung getroffen, daß ein dünnes Bündel Kathodenstrahlen KK' (Fig. 13) zwischen zwei elektrisch geladenen Metallplatten PP hindurchgeht und so eine Ablenkung von seinem ursprünglich geradlinigen Wege erfährt. Diese Ablenkung h kann auf einem Fluoreszenzschirme S gemessen werden. Zwischen den Kondensatorplatten P sei die elektromagnetische Kraft

$$Z = -\mathfrak{E}$$

vorhanden. Das heißt, die Kraft $\mathfrak{E}$ ist von oben nach unten gerichtet. Die negativen Elektronen erfahren daher eine Ablenkung h nach oben. Die Elektronen sollen mit der Geschwindigkeit v parallel zur x-Achse in das elektrische Feld eintreten. Für die Gleichungen des vorigen Paragraphen ist daher zu jeder Zeit

$$X = Y = y = \frac{dy}{dt} = \frac{d^2y}{dt^2} = \frac{d^2x}{dt^2} = 0\,.$$

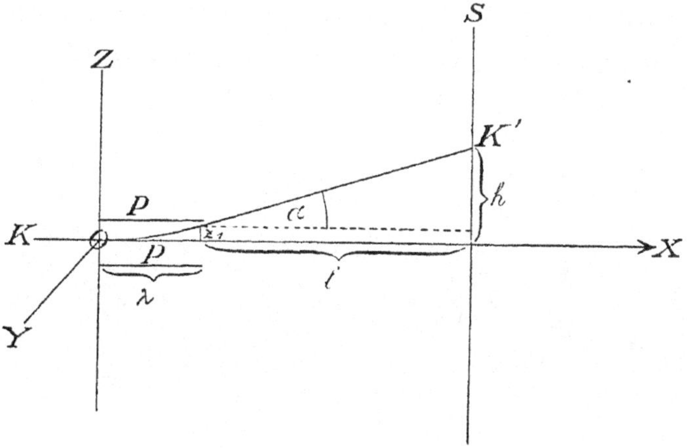

Fig. 13.

Wir rechnen die Bahn der Elektronen von dem Zeitpunkte an, wo sie in das elektrische Feld eintreten. Es ist also für $t = 0$ auch

$$x = y = z = \frac{dz}{dt} = 0\,,$$

daher

$$a_1 = b = b_1 = c = c_1 = 0\,,$$

und es bleiben nur folgende Gleichungen:

$$m\frac{d^2z}{dt^2} = -e\,Z = e\,\mathfrak{E}$$

— wir müssen $-e$ schreiben, weil wir negative Elektronen haben —, ferner

$$\frac{dx}{dt} = a = v, \qquad \frac{dz}{dt} = \frac{e\mathfrak{E}}{m} t,$$

$$x = v t, \qquad z = \frac{e\mathfrak{E}}{2m} t^2.$$

Die Länge unserer Platten P sei λ, d. h. für $x = \lambda$ sollen die Elektronen in ein kraftlinienfreies Feld übertreten. Sie müssen sich dann geradlinig weiterbewegen. Für $x = \lambda$ sei $z = z_1$. Es ist somit

$$z_1 = \frac{e\mathfrak{E}}{2m} t_1^2,$$

wenn t_1 die Zeit ist, welche die Elektronen zum Durcheilen des Kondensators brauchen. Es ist also auch $\lambda = v t_1$ oder $t_1 = \frac{\lambda}{v}$, mithin

$$z_1 = \frac{e\mathfrak{E}\lambda^2}{2 m v^2}.$$

In der Entfernung l von den Kondensatorplatten befinde sich der Schirm S. Schließt der geradlinige Teil des Kathodenstrahles mit der OX den Winkel α ein, so ist die Ablenkung

$$h = z_1 + l \operatorname{tg}\alpha.$$

Es ist aber $\operatorname{tg}\alpha = \frac{dz}{dx}$, was wir erhalten, wenn wir für $t = t_1$ $\frac{dz}{dt}$ durch $\frac{dx}{dt}$ dividieren. Dies ergibt

$$\operatorname{tg}\alpha = \frac{e\mathfrak{E}}{m v} t_1 = \frac{e\mathfrak{E}\lambda}{m v^2}$$

oder

$$h = \frac{e \mathfrak{E} \lambda l}{m v^2} + \frac{e \mathfrak{E} \lambda^2}{2 m v^2} = \frac{e \mathfrak{E} \lambda}{m v^2}\left(l + \frac{\lambda}{2}\right).$$

Wir sind also durch einen elektrostatischen Ablenkungsversuch der Kathcdenstrahlen imstande, die Größe

$$\frac{e}{m v^2} = \frac{h}{\mathfrak{E} \lambda \left(l + \frac{\lambda}{2}\right)}$$

zu bestimmen. Das heißt, wir können das Verhältnis der elektrischen Ladung zum Produkt aus Masse und Geschwindigkeitsquadrat eines Elektrons bestimmen, oder es ist uns das Verhältnis der Ladung zur kinetischen Energie des Elektrons bekannt.

§ 52. Wirkung eines magnetischen Feldes auf ein Stromelement.

Denken wir uns (Fig. 14) ein Stromelement $i\,ds$ und einen Magnetpol m in der Entfernung r vom Stromelement, so ist die Kraft dS, welche der Magnetpol erfährt,

$$dS = \frac{m\, i \sin \vartheta\, ds}{r^2}$$

Fig. 14.

(Bd. II, § 39). Dabei ist die Richtung der Kraft senkrecht zur Ebene, welche r und ds bilden, und nach der Ampèreschen Schwimmregel in die Bildebene hineingerichtet. Dieselbe Kraft, nur entgegengesetzt gerichtet, also aus der Bildebene heraus, erfährt das Stromelement durch den Magnetpol m, was einfach eine Folge des Prinzips der Gleichheit von Aktion und Reaktion ist. Wird $\vartheta = 90°$, so ist

$$dS = \frac{m\, i\, ds}{r^2}.$$

Wir können nun $\frac{m}{r^2}$ die magnetische Feldstärke in der Umgebung des Stromelementes nennen. Wir wollen sie mit

$\mathfrak{H}$ bezeichnen. Es ist somit die Kraft, welche das Stromelement erfährt, $\mathfrak{H}\, i\, ds$. Für die Richtung derselben können wir folgende Regel aufstellen:

Denken wir uns mit der Richtung des Stromes schwimmend und blicken in der Richtung der Kraftlinien des magnetischen Feldes, so wird der Strom nach der linken Hand abgelenkt.

Wir denken uns jetzt ein Stromelement $i\, ds$, welches parallel den drei Achsen eines rechtwinkligen Koordinatensystems die Projektionen $i\, dx$, $i\, dy$, $i\, dz$ hat. Es befinde sich in einem magnetischen Felde, dessen Intensität die Komponenten α, β, γ besitzt. Die Kraft, welche dann $i\, ds$ erfährt, besitzt die Komponenten

$$A = i(\beta\, dz - \gamma\, dy)\,,$$
$$B = i(\gamma\, dx - \alpha\, dz)\,,$$
$$C = i(\alpha\, dy - \beta\, dx)\,,$$

was leicht aus obiger Regel zu finden ist.

§ 53. Elektronen im magnetischen Felde.

Setzen wir anstatt des Stromelementes $i\, ds$ im vorigen Paragraphen den Elementarstrom eines Elektrons $e\, v$, so wird

$$i\, dx = e\frac{dx}{dt}\,, \qquad i\, dy = e\frac{dy}{dt}\,, \qquad i\, dz = e\frac{dz}{dt}\,,$$

wenn wir unter $\frac{dx}{dt}$, $\frac{dy}{dt}$, $\frac{dz}{dt}$ die Komponenten der Geschwindigkeit v verstehen. Danach ergibt sich weiter

$$(47) \qquad \begin{cases} A = e\left(\beta\frac{dz}{dt} - \gamma\frac{dy}{dt}\right), \\ B = e\left(\gamma\frac{dx}{dt} - \alpha\frac{dz}{dt}\right), \\ C = e\left(\alpha\frac{dy}{dt} - \beta\frac{dx}{dt}\right). \end{cases}$$

Hat ein Elektron die Masse m, so werden wir für die Bewegung desselben die Gleichungen haben

$$(48)\qquad m\frac{d^2x}{dt^2}=A\,,\qquad m\frac{d^2y}{dt^2}=B\,,\qquad m\frac{d^2z}{dt^2}=C\,,$$

wobei A, B und C mit der Feldstärke als auch mit der Geschwindigkeit des Elektrons veränderlich sind, so daß im allgemeinen der Weg eines Elektrons in einem magnetischen Felde ein sehr komplizierter sein wird.

Für ein homogenes Feld sind die Gleichungen jedoch leicht lösbar. Nehmen wir z. B. an, die Kraftlinien des magnetischen Feldes seien parallel zur x-Achse. Es ist also

$$\alpha=\mathfrak{H}\,,\qquad \beta=\gamma=0\,.$$

Zur Zeit $t=0$ befinde sich das Elektron an einem Punkte, für welchen $x=y=0$ ist, d. h. es passiert gerade die z-Achse in einer Höhe z_0, die wir einstweilen noch unbestimmt lassen. Zur Zeit $t=0$ habe ferner das Elektron die Geschwindigkeitskomponenten

$$\frac{dx}{dt}=a\,,\qquad \frac{dy}{dt}=b\,,\qquad \frac{dz}{dt}=0\,.$$

Es bewegt sich also zu dieser Zeit parallel zur (x, y)-Ebene. Unter den gemachten Annahmen folgt aus den Gleichungen (47) und (48)

$$(49)\qquad \frac{d^2x}{dt^2}=0\,,\qquad \frac{d^2y}{dt^2}=-\frac{\mathfrak{H}e}{m}\frac{dz}{dt}\,,\qquad \frac{d^2z}{dt^2}=\frac{\mathfrak{H}e}{m}\frac{dy}{dt}\,.$$

Durch Integration ergeben diese Gleichungen

$$\frac{dx}{dt}=a\,,\qquad \frac{dy}{dt}=-\frac{\mathfrak{H}e}{m}z+b_1\,,\qquad \frac{dz}{dt}=\frac{\mathfrak{H}e}{m}y+c_1\,.$$

Da die Geschwindigkeit parallel zur x-Achse von der Zeit unabhängig ist, so muß sie natürlich gleich der von uns gewählten Anfangsgeschwindigkeit a sein. Die Höhe z_0 wollen wir nun so wählen, daß die Konstante b_1 gleich Null wird. Da für $t = 0$, $\frac{dy}{dt} = b$ angenommen wurde, so folgt

$$b = -\frac{\mathfrak{H} e}{m} z_0$$

oder

$$z_0 = -\frac{m b}{\mathfrak{H} e}.$$

Schließlich ergibt sich aus unseren Voraussetzungen, daß auch die Integrationskonstante c_1 gleich Null sein muß. Somit bleiben uns für y und z die Beziehungen

$$\frac{dy}{dt} = -\frac{\mathfrak{H} e}{m} z, \qquad \frac{dz}{dt} = \frac{\mathfrak{H} e}{m} y.$$

Setzen wir diese Werte für $\frac{dy}{dt}$ und $\frac{dz}{dt}$ in die Gleichung (49) ein, so erhalten wir

$$(50) \qquad \frac{d^2 y}{dt^2} = -\frac{\mathfrak{H}^2 e^2}{m^2} y, \qquad \frac{d^2 z}{dt^2} = -\frac{\mathfrak{H}^2 e^2}{m^2} z.$$

Diese zwei Gleichungen besagen, daß die Koordinaten y und z harmonische Funktionen der Zeit sind (Bd. I, § 9). Da für $t = 0$ auch $y = 0$ sein muß, so können wir

$$y = G \sin \varepsilon t$$

setzen. Daraus folgt

$$\frac{d^2 y}{dt^2} = -G \varepsilon^2 \sin \varepsilon t$$

und nach der ersten der Gleichungen (50)

$$\varepsilon = \frac{\mathfrak{H} e}{m},$$

folglich

$$y = G \sin \frac{\mathfrak{H} e}{m} t.$$

Da nun $\dfrac{dy}{dt} = -\dfrac{\mathfrak{H} e}{m} z$, so auch

$$\frac{G \mathfrak{H} e}{m} \cos \frac{\mathfrak{H} e}{m} t = -\frac{\mathfrak{H} e}{m} z,$$

oder

$$z = -G \cos \frac{\mathfrak{H} e}{m} t.$$

Es ergibt sich ferner

$$y^2 + z^2 = G^2,$$

oder die orthogonale Projektion der Bahn des Elektrons auf die (y, z)-Ebene ist ein Kreis vom Halbmesser G. Für $y = 0$ wird $z = \pm G$. Es muß also auch

$$G = -z_0 = \frac{m b}{\mathfrak{H} e}$$

sein.

Der Halbmesser des Kreises ist, abgesehen von den konstanten Größen $\mathfrak{H}$, e und m, wesentlich bedingt durch die Geschwindigkeit b, welche zu Beginn das Elektron parallel zur y-Achse besitzt. Bilden wir die Summe $\left(\dfrac{dy}{dt}\right)^2 + \left(\dfrac{dz}{dt}\right)^2$, so erhalten wir das Quadrat der Geschwindigkeit, welche das Elektron senkrecht zur x-Achse oder senkrecht zu den mit der x-Achse gleichgerichteten magnetischen Kraftlinien besitzt. Nach dem Obigen ist diese Summe

$$\frac{G^2 \mathfrak{H}^2 e^2}{m^2} = \frac{m^2 b^2}{\mathfrak{H}^2 e^2} \cdot \frac{\mathfrak{H}^2 e^2}{m^2} = b^2 .$$

Die Geschwindigkeit selbst ist also gleich b, sie ist konstant und gleich der Anfangsgeschwindigkeit parallel zur y-Achse. Das Elektron bewegt sich also parallel zur x-Achse mit der konstanten Geschwindigkeit a, parallel zur (y, z)-Ebene beschreibt es Kreislinien mit der konstanten Geschwindigkeit b. Die Bahn des Elektrons in einem homogenen magnetischen Felde ist eine Schraubenlinie, die zur Kreislinie wird, wenn anfangs keine Geschwindigkeit des Elektrons in der Richtung der magnetischen Kraftlinien vorhanden ist. Die Geschwindigkeit des Elektrons $v = \sqrt{a^2 + b^2}$ wird durch das magnetische Feld nicht geändert. Das gilt übrigens für jedes beliebige magnetische Feld, da die Kraftwirkung desselben ja immer senkrecht zur Bewegungsrichtung steht, eine Beschleunigung in dieser, mithin eine Vermehrung der Geschwindigkeit des Elektrons nie hervorgebracht werden kann.

§ 54. Magnetische Ablenkung der Kathodenstrahlen.

Ein dünnes Bündel Kathodenstrahlen passiere ein homogenes magnetisches Feld, dessen Kraftlinien senkrecht zur Bildebene (Fig. 15) stehen sollen, die wir gleichzeitig zur (x, z)-Ebene eines rechtwinkligen Koordinatensystems machen. Die Kraftlinien sind also parallel zur y-Achse, sollen aber entgegengesetzt gerichtet sein. Das homogene magnetische Feld von der Intensität $\mathfrak{H}$ reiche von der (y, z)-Ebene bis zu einer parallelen im Abstand λ'. Das Kathodenstrahlenbündel KK' soll in seiner Anfangsrichtung mit der x-Achse zusammenfallen. Wenn es die (y, z)-Ebene bei O passiert, tritt es in das magnetische Feld und erfährt eine Ablenkung nach oben, indem es nach dem vorigen Paragraphen jetzt eine Kreisbahn vom Radius

$$r = \frac{mv}{\mathfrak{H} e}$$

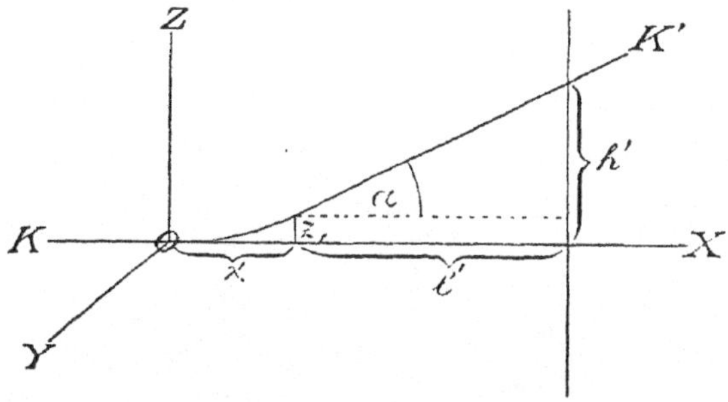

Fig. 15.

beschreibt. Unter v verstehen wir also die Geschwindigkeit der Kathodenstrahlen.

Die Höhe z_1, welche die Strahlen beim Verlassen des magnetischen Feldes erlangt haben, finden wir leicht aus Fig. 16. Es ist

$$z_1 = r - \overline{AB}.$$

Nach dem Pythagoreischen Lehrsatz ist aber

$$AB = \sqrt{r^2 - \lambda'^2} = r\sqrt{1 - \left(\frac{\lambda'}{r}\right)^2} = r\left(1 - \frac{1}{2}\frac{\lambda'^2}{r^2}\right).$$

Wir haben also bei der Entwicklung die höheren Glieder der unendlichen Reihe vernachlässigt, was wir für die geringe Ablenkung, welche in praktischen Fällen vorkommt, ohne weiteres tun können. Es ist also die Höhe

$$z_1 = r - r\left(1 - \frac{1}{2}\frac{\lambda'^2}{r^2}\right) = \frac{1}{2}\frac{\lambda'^2}{r}.$$

Befindet sich (Fig. 15) in der Entfernung l' vom magnetischen Felde ein Fluoreszenzschirm, so können wir die Ablenkung h' der Kathodenstrahlen ablesen. Diese ist aber

$$h' = z_1 + l' \operatorname{tg} \alpha ,$$

wobei α (Fig. 16) der Winkel ist, den die beiden Radien einschließen, welche zum Anfangs- und Endpunkte der Kreisbahn der Kathodenstrahlen gehören. Nach unseren Voraussetzungen muß aber α ein kleiner Winkel sein. Es kann daher die Tangente durch den Sinus ersetzt werden, d. h. wir können

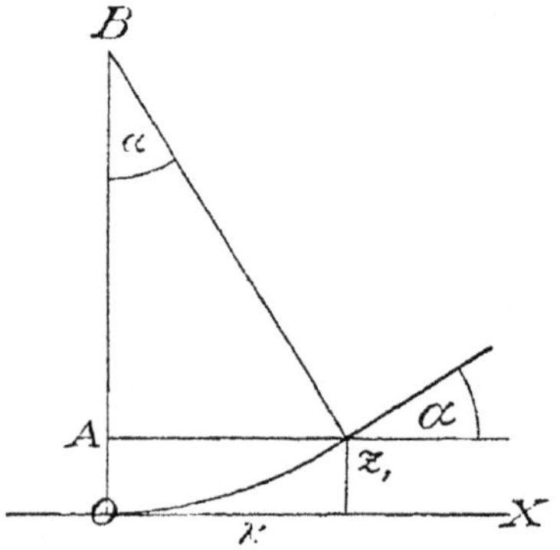

Fig. 16.

$$\operatorname{tg} \alpha = \frac{\lambda'}{r}$$

einführen. Damit wird

$$h' = z_1 + \frac{l'\lambda'}{r} = \frac{1}{2}\frac{\lambda'^2}{r} + \frac{l'\lambda'}{r} = \frac{\lambda'}{r}\left(l' + \frac{\lambda'}{2}\right)$$

$$= \frac{\mathfrak{H} e \lambda'}{m v}\left(l' + \frac{\lambda'}{2}\right)$$

oder

$$\frac{e}{m v} = \frac{h'}{\mathfrak{H} \lambda' \left(l' + \frac{\lambda'}{2}\right)} .$$

Auf der linken Seite dieser Gleichung haben wir eine Größe, welche nur von den Eigenschaften der Elektronen abhängt. Rechts sind Größen, die alle der Messung zugänglich sind, so daß der Ausdruck $\frac{e}{m v}$ bestimmt werden kann.

§ 55. Geschwindigkeit der Kathodenstrahlen — Verhältnis der Ladung zur Masse des Elektrons.

Aus der elektrostatischen Ablenkung der Kathodenstrahlen fanden wir (§ 51) die Gleichung

$$\frac{e}{m v^2} = \frac{h}{\mathfrak{E} \lambda \left(l + \frac{\lambda}{2}\right)} ,$$

aus der magnetischen Ablenkung im vorhergehenden Paragraphen

$$\frac{e}{m v} = \frac{h'}{\mathfrak{H} \lambda' \left(l' + \frac{\lambda'}{2}\right)} .$$

Dividieren wir diese Gleichung durch die erste, so erhalten wir

$$v = \frac{\mathfrak{E} \lambda \left(l + \frac{\lambda}{2}\right) h'}{\mathfrak{H} \lambda' \left(l' + \frac{\lambda'}{2}\right) h} .$$

Wir sind somit in der Lage, die Geschwindigkeit der Kathodenstrahlen experimentell zu bestimmen. Auf diese Weise hat man erkannt, daß die Geschwindigkeit der Kathodenstrahlen sehr variieren kann. Die auf gewöhnlichem Wege in der Crookesschen Röhre erzeugten Kathodenstrahlen haben eine Geschwindigkeit, die etwa ein Viertel der Lichtgeschwindigkeit beträgt.

Quadrieren wir die zweite der obigen Gleichungen und dividieren wir sie durch die erste, so erhalten wir

$$\frac{e}{m} = \frac{\mathfrak{E}\lambda\left(l + \frac{\lambda}{2}\right)h'^2}{\mathfrak{H}^2\lambda'^2\left(l' + \frac{\lambda'}{2}\right)^2 h}.$$

Wir können also auch das Verhältnis der Ladung zur Masse eines Elektrons berechnen, eine Größe, die ungefähr 10^7 elektromagnetische Einheiten (Bd. III, § 52) beträgt.

Auch die Becquerelstrahlen, die Strahlen radioaktiver Substanzen, können wir zum Teil als ausgeschleuderte Elektronen ansehen, da sie sich ebenfalls elektrostatisch und magnetisch ablenken lassen. Man hat für eine bestimmte Strahlenart, die sog. β-Strahlen, gefunden, daß ihre Geschwindigkeit als auch die Größe $\frac{e}{m}$ den entsprechenden Größen der Kathodenstrahlen vergleichbar ist.

§ 56. Masse und Größe eines Elektrons.

Führen wir für die Größe des Elementarquantums jenen Wert ein, den wir im § 45 kennen gelernt haben, nämlich $5{\cdot}8 \cdot 10^{-10}$ elektrostatische Einheiten, so können wir auch die Masse eines Elektrons bestimmen. Da $\frac{e}{m} = 10^7$, so $m = \frac{e}{10^7}$, falls e in elektromagnetischen Einheiten gegeben ist; in elektrostatischem Maß haben wir hingegen $m = \frac{e}{3 \cdot 10^{17}}$ (Bd. III, § 52). Führen wir noch für e seinen Wert $5{\cdot}8 \cdot 10^{-10}$ ein, so wird

$$m = \frac{5{\cdot}8 \cdot 10^{-10}}{3 \cdot 10^{17}}$$

oder rund

$$m = 2 \cdot 10^{-27} \text{ Gramm.}$$

Da wir nun für die Masse eines Wasserstoffatoms, der kleinsten gravitierenden Masse, die wir kennen (§ 45), $2 \cdot 10^{-24}$ g fanden, so zeigt sich, daß die Masse eines Elektrons in den Kathodenstrahlen etwa ein Tausendstel von der Masse eines Wasserstoffatoms ist. Halten wir die von uns gemachten Überlegungen überhaupt für bindend, so ist dieses Resultat bereits ausschlaggebend, die Masse der in den Kathodenstrahlen vorkommenden Elektronen überhaupt nur als elektromagnetische Masse (§ 49) aufzufassen. Da von der Kathode negative Elektrizität ausgeht, so haben wir es hier mit negativen Elektronen zu tun.

Unter der Annahme bloßer elektromagnetischer Masse der Elektronen und der Voraussetzung, daß die Elektrizität auf einer Kugeloberfläche verteilt ist, können wir nach § 49 auch die Größe eines Elektrons berechnen. Dort fanden wir für die elektromagnetische Masse den Ausdruck $\frac{2 \mu e^2}{3 a}$. In unserem Falle ist, falls wir elektromagnetisches Maß einführen, die magnetische Induktionskonstante μ gleich Eins, mithin die Masse $m = \frac{2\,e^2}{3\,a}$, oder der Radius des Elektrons

$$a = \frac{2\,e^2}{3\,m}\,.$$

Da im elektrostatischen Maß $e = 5{\cdot}8 \cdot 10^{-10}$ gefunden wurde (§ 45), so ist es im elektromagnetischen

$$e = \frac{5 \cdot 8 \cdot 10^{-10}}{3 \cdot 10^{10}}\,,$$

oder ungefähr

$$e = 2 \cdot 10^{-20}\,,$$

also

$$a = \frac{2\,(2 \cdot 10^{-20})^2}{3 \cdot 2 \cdot 10^{-27}} = \tfrac{4}{3} \cdot 10^{-13} \text{ cm.}$$

Für den Durchmesser eines negativen Elektrons erhalten wir also rund

$$d = 3 \cdot 10^{-13} \text{ cm.}$$

Es haben somit die Molekeln (Bd. II, § 60) einen Durchmesser, der gegen zehn- bis hunderttausendmal größer ist als jener der negativen Elektronen.

§ 57. **Kinetische Energie des Elektrons.**

Bringen wir eine elektrische Masse e in ein elektrisches Feld, und gelangt sie von einem Punkte mit dem Potential V_1 zu einem anderen vom Potential V_2, so haben die elektrischen Kräfte des Feldes dabei die Arbeit

$$A = e\,(V_1 - V_2)$$

geleistet (Bd. III, § 17). Ist nun e ein Elektron, so wird es dabei seine kinetische Energie um einen Betrag vergrößern, welcher gleich der von den elektrischen Kräften geleisteten Arbeit ist. Nehmen wir z. B. an, das Elektron sei ursprünglich in Ruhe und gehe von einem Punkte mit dem Potential V aus, komme jedoch sodann in einen Raum vom Potential Null, so leisten die elektrischen Kräfte die Arbeit $e\,V$. Die erlangte kinetische Energie muß dieser Größe gleich sein. Wir erhalten somit die Gleichung

$$\frac{m\,v^2}{2} = e\,V$$

oder

$$\frac{e}{m\,v^2} = \frac{1}{2\,V}\,.$$

Dieselbe Größe, welche wir (§ 51) durch die elektrostatische Ablenkung der Kathodenstrahlen bestimmen konnten, läßt sich also auch auf anderem Wege gewinnen. Erzeugen wir z. B. die Kathodenstrahlen mit der Influenzmaschine, so sind wir in der Lage, das Potential der Kathode zu bestimmen, und können dann, wenn die Elektronen in einen Raum vom Potential Null gehen, die letzte Gleichung benützen, um $\frac{e}{m\,v^2}$ zu bestimmen. Machen wir dazu noch die magnetische Ablenkung (§ 54), welche uns $\frac{e}{m\,v}$ gibt, so können wir wieder $\frac{e}{m}$ und v berechnen. Auch nach dieser Methode wurden Werte erhalten, die mit dem früher angeführten übereinstimmen.

§ 58. Die Ursache des Lichtes.

Um die Bewegung der Elektronen als die Ursache des Lichtes annehmen zu können, müssen sie in der Lage sein, schwingende Bewegungen zu machen. Da freie Elektronen, wie sie etwa in den Kathodenstrahlen vorkommen, nicht leuchten, so dürften schwingende Bewegungen nur möglich sein, wenn die Elektronen an materielle Atome gebunden sind.

Nehmen wir nun an, ein Elektron sei mit einem körperlichen Atom vereinigt, so ist die einfachste Vorstellung davon die, daß in einer bestimmten Lage die Kräfte, welche das Atom auf das Elektron und umgekehrt ausübt, im Gleichgewicht sind. Wir wollen sie die Ruhelage nennen. Entfernt sich das Elektron aus der Ruhelage, so soll es gegen dieselbe mit einer Kraft zurückgezogen werden, welche, gleich einer elastischen Kraft, proportional der Entfernung von der Ruhelage ist. Ein solches Elektron ist dann in der Lage (Bd. I, § 75), harmonische Schwingungen zu vollführen.

Da wir nun jedes in Bewegung befindliche Elektron als einen Elementarstrom aufgefaßt haben, so ist ein schwingendes Elektron nichts anderes als eine Reihe aufeinanderfolgender elektrischer Schwingungen, welche sich durch den Raum in Form elektrischer Wellen fortpflanzen (§ 13). Jedes Elektron wird somit zur Lichtquelle, sobald seine Schwingungszahl zwischen 400 und 700 Billionen liegt.

§ 59. Kreisbewegung eines Massenpunktes unter dem Einfluß einer elastischen Kraft.

Auf einen Massenpunkt m wirke eine elastische Kraft $-\alpha r$, mit welcher sie ihn in die Ruhelage zurückzuziehen strebt. r ist die Entfernung des Punktes von der Ruhelage, α eine Proportionalitätskonstante. Soll der Punkt eine Kreisbewegung um die Ruhelage als Mittelpunkt vollführen, so muß seine Fliehkraft $\frac{m v^2}{r}$ gleich der Anziehungskraft αr sein. Wir erhalten also die Gleichung

$$\frac{m v^2}{r} = \alpha r .$$

Ist γ die Winkelgeschwindigkeit des Punktes, so ist $v = r\gamma$, also $m\gamma^2 r = \alpha r$, oder $m\gamma^2 = \alpha$. Es ist somit die Winkelgeschwindigkeit

$$\gamma = \pm \sqrt{\frac{\alpha}{m}} .$$

Wenn wir die Winkelgeschwindigkeit durch 2π dividieren, so erhalten wir die Tourenzahl der Masse m.

Unsere Kreisbewegung finde nun in einem ebenen rechtwinkligen Koordinatensystem statt, dessen Ursprung der Mittelpunkt des Kreises ist. Wie jede Bewegung, können wir auch die Kreisbewegung in zwei Komponenten parallel zu den zwei Achsen des Koordinatensystems zerlegen. Die Bewegung erfolge (Fig. 17) von der x- gegen die y-Achse, so daß im Punkte M die Geschwindigkeit v des Massenpunktes die Komponenten

$$\frac{dx}{dt} = -v \sin\varphi ,$$

$$\frac{dy}{dt} = v \cos\varphi$$

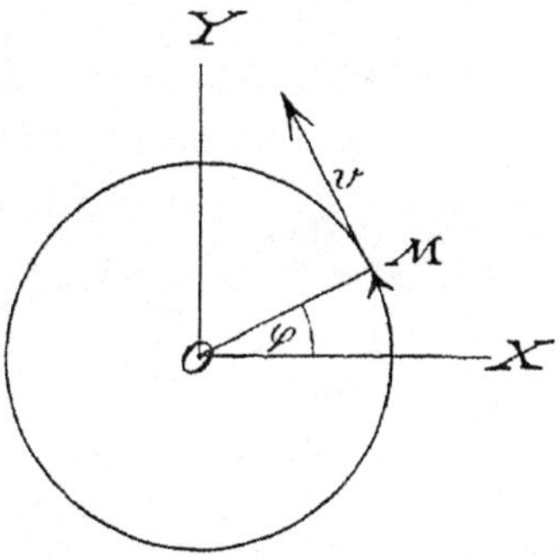

Fig. 17.

besitzt. Nun ist aber $\varphi = \gamma t$, oder wenn wir nach der Zeit integrieren,

$$x = \frac{v}{\gamma} \cos\gamma t = r \cos\gamma t ,$$

$$y = \frac{v}{\gamma} \sin\gamma t = r \sin\gamma t .$$

Das heißt, wir können uns die Kreisbewegung des Punktes zusammengesetzt denken aus zwei harmonischen Schwingungen, die aufeinander senkrecht stehen und eine Phasenverschiebung von $^1/_4$ Schwingungsdauer besitzen (Bd. I, § 72 u. 73). Soll der Punkt die beiden Schwingungen

$$x = r \cos \gamma t\,,$$
$$y = -r \sin \gamma t$$

machen, so resultiert daraus eine Kreisbewegung in entgegengesetzter Richtung.

Zwingen wir schließlich einem Punkte die beiden genannten Kreisbewegungen auf, so resultiert daraus wieder eine geradlinige parallel zur x-Achse, indem sich die Bewegungen parallel zur y-Achse aufheben. Man kann sich also auch jede geradlinige harmonisch schwingende Bewegung zusammengesetzt denken aus zwei entgegengesetzten Kreisschwingungen, oder sie in zwei Kreisschwingungen zerlegen.

§ 60. Zerlegung linear polarisierten Lichtes — Drehung der Polarisationsebene — schwingende Elektronen.

Was wir im vorhergehenden Paragraphen über die Zerlegung der geradlinig schwingenden Bewegung eines Punktes in zwei Kreisschwingungen usw. kennen gelernt haben, können wir ohne weiteres auf die Lichtschwingungen übertragen. Einen linear polarisierten Lichtstrahl können wir uns zusammengesetzt denken aus zwei zirkular polarisierten, deren Drehungsrichtungen aber entgegengesetzt sind. Wir können demnach auch jeden geradlinig polarisierten Strahl in zwei zirkular polarisierte zerlegen, ohne dabei in der Gesamtwirkung etwas zu ändern. Diese Überlegung hat schon Fresnel zur Erklärung der Drehung der Polarisationsebene im Quarz, in einer Zuckerlösung usw. benützt. Er nahm an, daß linear polarisiertes Licht beim Eintritt in ein Medium, das die

Polarisationsebene dreht, immer in zwei zirkular polarisierte Strahlen entgegengesetzter Drehung zerlegt wird, die sich mit verschiedener Geschwindigkeit fortpflanzen. Nach dem Verlassen des drehenden Mediums werden die Strahlen wieder mit gleicher Geschwindigkeit fortschreiten, sich also wieder zu einer linearen Schwingung ergänzen. Infolge der gegenseitigen relativen Verzögerung der Strahlen wird aber die Lage der neuen Schwingungsebene mit der Lage der alten nicht mehr identisch sein, sie wird eine Drehung erfahren haben, die um so größer ist, je größer die relative Verzögerung der Strahlen.

Daß diese Zerlegung linear polarisierten Lichtes in zwei zirkular polarisierte Strahlen verschiedener Geschwindigkeit und entgegengesetzter Bewegung nicht nur eine theoretische Annahme ist, sondern sich in der Tat bewahrheitet, hat ebenfalls Fresnel experimentell nachgewiesen. Lassen wir nämlich die Strahlen nicht senkrecht, sondern schief aus dem drehenden Medium austreten, so müssen sie wegen der verschiedenen Geschwindigkeit verschieden gebrochen werden. Diese Art von Doppelbrechung des Lichtes kann man beobachten, und es sind tatsächlich die beiden austretenden Strahlen entgegengesetzt zirkular polarisiert.

Nach § 58 nehmen wir als Ursache des Lichtes schwingende Elektronen an. Diese Schwingungen können in geradlinigen, kreisförmigen oder elliptischen Bahnen vor sich gehen und werden dadurch Anlaß zu linear, zirkular oder elliptisch polarisiertem Licht geben (§ 14 und 16). Jede lineare Schwingung können wir uns aus zwei kreisförmigen zusammengesetzt denken oder in solche zerlegen usw.

§ 61. Kreisschwingungen der Elektronen im magnetischen Felde — Zeemanphänomen.

Nach den Erörterungen des vorhergehenden Paragraphen können wir annehmen, daß ein Elektron auf einer Molekel Kreisschwingungen vollführen kann. Bringen wir das Elektron in ein magnetisches Feld, so wirken außer den elastischen noch die magnetischen Kräfte auf dasselbe. Bewegt sich ein Elektron senkrecht zu den Kraftlinien, so erfährt es senkrecht zu seiner Bewegung eine Kraft $\mathfrak{H} e v$ (§ 53). Ist die Bahn des Elektrons eine Kreisbahn, deren Ebene senkrecht zu den Kraftlinien stehen soll, und bewegt es sich so, daß die Kraft $\mathfrak{H} e v$ gegen das Zentrum des Kreises gerichtet ist, so addieren sich die elastischen und magnetischen Kräfte und wir erhalten nach § 59 für die Größe der Fliehkraft die Gleichung

$$\frac{m v^2}{r} = \alpha r + \mathfrak{H} e v .$$

Bewegt sich das Elektron in entgegengesetzter Richtung, so kehrt sich die Wirkung des magnetischen Feldes ebenfalls um, und wir erhalten

$$\frac{m v^2}{r} = \alpha r - \mathfrak{H} e v .$$

Ersetzen wir v wieder durch $r \gamma$ (§ 59), dann ergibt dies in dem einen Falle

$$m \gamma^2 r = \alpha r + \mathfrak{H} e \gamma r ,$$

im anderen

$$m \gamma'^2 r = \alpha r - \mathfrak{H} e \gamma' r .$$

Dividieren wir noch die Gleichungen durch $m r$, so bleibt

$$\gamma^2 = \frac{\alpha}{m} + \mathfrak{H} e \frac{\gamma}{m}$$

und

$$\gamma'^2 = \frac{\alpha}{m} - \mathfrak{H} e \frac{\gamma'}{m} .$$

Wir setzen nun $\mathfrak{H} e \frac{\gamma}{m}$ als auch $\mathfrak{H} e \frac{\gamma'}{m}$ gegen γ^2 und

γ'^2 als sehr klein voraus, so daß wir in diesen Gliedern mit großer Annäherung γ sowohl als auch γ' durch $\sqrt{\frac{\alpha}{m}}$ ersetzen können. Dann haben wir

$$\gamma^2 = \frac{\alpha}{m} + \frac{\mathfrak{H} e}{m} \sqrt{\frac{\alpha}{m}}$$

und

$$\gamma'^2 = \frac{\alpha}{m} - \frac{\mathfrak{H} e}{m} \sqrt{\frac{\alpha}{m}} .$$

Dividieren wir die Gleichungen noch durch $4\pi^2$, so erhalten wir zwei verschiedene Schwingungszahlen n und n' aus den Gleichungen

$$n^2 = n_0^2 + \frac{\mathfrak{H} e}{2\pi m} n_0 ,$$

$$n'^2 = n_0^2 - \frac{\mathfrak{H} e}{2\pi m} n_0 ,$$

wenn wir unter

$$n_0 = \frac{1}{2\pi} \sqrt{\frac{\alpha}{m}}$$

die Schwingungszahl des Elektrons ohne Magnetfeld verstehen. Es zeigt sich also, daß das Elektron, welches im gewöhnlichen Zustand Licht von der Schwingungszahl n_0 aussendet, im magnetischen Feld zwei verschiedene Lichtarten von den Schwingungszahlen n und n' erzeugt, deren eine um einen gewissen Betrag größer, die andere um denselben Betrag kleiner ist als die Schwingungszahl des normalen Lichtes.

Wollen wir dies tatsächlich beobachten, so haben wir die Lichtquelle mit einem stark dispergierenden Spektroskop (Rowlands Gitter) in der Art zu betrachten, daß die Sehlinie mit der Richtung der magnetischen Kraft zusammenfällt. Man erblickt dann die ursprünglich einfachen als doppelte Linien, welche zirkular polarisiertes Licht mit entgegengesetzter Schwingungsrichtung aussenden.

Es wurde diese Erscheinung von Zeeman entdeckt, weshalb man sie das Zeeman-Phänomen nennt.

§ 62. Doublet und Triplet.

Wir haben im vorigen Paragraphen erfahren, daß das Licht, welches von einer Flamme im starken Magnetfeld in der Richtung der magnetischen Kraftlinien ausgeht und von einem Spektroskop in die Spektrallinien zerlegt wird, jede Linie in zwei getrennt zeigt. Je zwei derartig zusammengehörige Spektrallinien, die aus einer entstanden sind, nennt man Doublet.

Anders wird die Erscheinung des Zeeman-Phänomens, wenn wir nicht in der Richtung der magnetischen Kraftlinien, sondern senkrecht dazu die Lichtquelle beobachten. Zur Klarstellung der dabei auftretenden Erscheinung wollen wir uns eine geradlinig schwingende Bewegung nach zwei senkrecht aufeinander stehenden Richtungen zerlegen. Die eine gehe horizontal, die andere vertikal vor sich. Horizontal von links nach rechts sollen gleichzeitig die magnetischen Kraftlinien gehen. Eine in dieser Richtung gehende Schwingung erfährt also keine Veränderung. Es werden uns diese Elektronenschwingungen geradlinig polarisiertes Licht von derselben Wellenlänge ins Auge senden, als wenn gar kein magnetisches Feld vorhanden wäre. Die Schwingungen senkrecht dazu erfolgen auch senkrecht zu den magnetischen Kraftlinien. Wir zerlegen sie in zwei Kreisschwingungen, deren Ebene ebenfalls senkrecht zu den magnetischen Kraftlinien steht.

Von diesen beiden Schwingungen wissen wir aber, daß die eine eine Verzögerung, die andere eine Beschleunigung erfährt. Das, was unser Auge empfindet, sind zwei verschiedene Lichtsorten, welche im Spektroskop Linien erzeugen, die links und rechts zur normalen Spektrallinie liegen. Das heißt, wir sehen jede Spektrallinie, wenn wir das Licht senkrecht zur Richtung der magnetischen Kraftlinien beobachten, dreifach. Wir nennen diese Erscheinungen ein Triplet.

Die geschilderte Zerlegung der Spektrallinien in Doublets und Triplets ist nur der einfachste Fall. In Wirklichkeit kommen noch viel kompliziertere Zerlegungen vor, welche durch weniger einfache Bewegungen der Elektronen als die geschilderten entstanden gedacht werden müssen.

§ 63. Die Größe $\frac{e}{m}$ beim Zeeman-Phänomen. Kanalstrahlen — α-Strahlen.

In der Formel

$$n^2 = n_0^2 + \frac{\mathfrak{H}\, e}{2\pi m} n_0$$

(§ 61) können wir die Größen n und n_0 aus der Lage der Spektrallinien mit Hilfe des Beugungsgitters (Bd. II, § 22) bestimmen. Desgleichen ist die Feldstärke $\mathfrak{H}$ des Magneten meßbar. Es läßt sich somit auch ein Schluß auf die Größe $\frac{e}{m}$, das Verhältnis der Elektrizitätsmenge zur elektromagnetischen Masse eines Elektrons, ziehen. Es ist nun von großer Bedeutung für die ganze Elektronentheorie, daß wir auch in diesem Falle denselben Wert erhalten wie früher aus der elektrostatischen und magnetischen Ablenkbarkeit der Kathodenstrahlen (§ 55).

Aus dem Sinne, in welchem die Schwingungen des zirkular polarisierten Lichtes beim Doublet vor sich gehen, können wir nun bestimmen, ob das Licht von einem positiven oder von einem negativen Elektron herrührt. Würden sowohl positive als negative Elektronen in ganz demselben Mengenverhältnis vorhanden sein und gleich große Masse besitzen, so müßten bei der Beobachtung in der Richtung der magnetischen Kraftlinien sich die Spektrallinien zwar auch in Doppellinien zerlegen, aber es könnten diese Linien keine Zirkularpolarisation aufweisen, weil ebensoviel Schwingungen nach der einen wie nach der anderen Richtung in jeder Spektrallinie vorhanden wären. In Wirklichkeit ist dem aber nicht so, sondern die Beobachtung hat gezeigt, daß wir es tatsächlich mit zirkular polarisiertem Lichte zu tun haben von einer Schwingungsrichtung, wie sie den negativen Elektronen entspricht. Das eigentlich Bewegliche in der Flamme ist also das negative Elektron, während das positive sich in verhältnismäßiger Ruhe befindet. Das läßt sich auf die Weise erklären, daß die positiven Elektronen fest mit den Körperatomen verbunden sind, also gegenüber den negativen Elektronen mehr als tausendmal so große Massenkomplexe repräsentieren (§ 56).

Wie wir im Zeeman-Phänomen als auch in den Kathodenstrahlen als Ursache die negativen Elektronen fanden, deren Größe aus beiden Erscheinungen sich als dieselbe ergab, so zeigen auch die positiven Elektronen ein Analogon zu den Kathodenstrahlen in den sogenannten Kanalstrahlen, welche von der Anode einer Crookesschen Röhre ausgehen. Da wir uns die positiven Elektronen mit den Körperatomen fest verbunden denken, so spielt bei der Bewegung derselben die Masse des Atoms eine wesentliche Rolle. Demzufolge sind die Kanalstrahlen sowohl im elektrostatischen als im magnetischen Felde viel weniger ablenkbar als die Kathodenstrahlen, und es resultieren aus der Größe der Ablenkung tatsächlich Massen für die Elektronen, welche mit den Massen der Körperatome übereinstimmen. Dasselbe Verhalten zeigen die α-Strahlen radioaktiver Substanzen.

§ 64. Die Wärmeleitung in Metallen.

Wenn wir das Wärmeleitungsvermögen nicht metallischer Körper, z. B. Glas, Marmor, Schiefer, Kreide usw., mit jenem des Wassers und anderer Flüssigkeiten vergleichen, so finden wir, daß es für alle Substanzen von ungefähr derselben Größenordnung ist. Stellen wir uns die Wärmeleitung als eine Übertragung von Energie durch die Bewegung der Molekeln vor, wie wir es bei den Gasen (Bd. II, § 59) getan haben, so ist dieses Verhalten nur natürlich, da wir ja sowohl bei den festen als flüssigen Körpern annehmen müssen, daß die Molekeln sehr nahe aneinander liegen, ihre Wärmebewegung sich also auf sehr kleine Räume beschränken muß und der Wärmetransport sich für beide Aggregatzustände in ähnlicher Weise vollziehen muß. Vergleichen wir aber mit dem Wärmeleitungsvermögen der genannten festen und flüssigen Körper jenes der Metalle, deren Molekularkonstitution wir wohl ähnlich wie jene anderer fester Körper annehmen müssen, so zeigt sich, daß sie durchaus nicht ein ähnliches, sondern ein weitaus größeres Wärmeleitungsvermögen besitzen. So leitet das Kupfer die Wärme fast tausendmal besser als das Wasser. Es ist ferner auffallend, daß auch bezüglich der Elektrizitätsleitung wir die früher genannten Körper als Isolatoren, die Metalle hingegen als sehr gute Leiter der Elektrizität kennen.

Es liegt nun nahe, die Elektrizitätsleitung den in den Metallen vorhandenen Elektronen zuzuschreiben. Ferner steht zu vermuten, daß, falls Elektronen vorhanden sind, sie auch an der Wärmeleitung teilnehmen werden, und es ergab die nähere Untersuchung, daß wir in der Tat das abnorm hohe Wärmeleitungsvermögen der Metalle zum großen Teile den Elektronen zuschreiben müssen, während wir infolge der bloßen Molekularbewegung nur Wärmeleitungsfähigkeiten von der Größenordnung der Nichtmetalle erhalten könnten. Wir wollen daher jenen Teil der Wärmeleitungsfähigkeit berechnen, der den Elektronen zugeschrieben werden muß, und dagegen den Anteil, den die Molekularbewegung hat, vernachlässigen.

Wir stellen uns ein Metall folgendermaßen vor: Im unelektrischen Zustande muß es ebensoviel positive als negative Elektronen enthalten, und zwar seien die positiven fix an die Körperatome gebunden, während die negativen sich völlig frei zwischen den Metallatomen bewegen können wie die Molekeln eines Gases in einem porösen Körper. Wie bei diesen (Bd. II, § 52) sei die mittlere kinetische Energie eines negativen Elektrons durch die Temperatur bestimmt. Um die Rechnung zu vereinfachen, sei angenommen, sämtliche Elektronen besitzen dieselbe Geschwindigkeit c. Die kinetische Energie eines Elektrons ist somit

$$\frac{m c^2}{2} = \frac{m c_0^2}{2} (1 + \alpha t),$$

wenn wir unter α den Ausdehnungskoeffizienten der Gase verstehen. Führen wir die absolute Temperatur T ein, so können wir auch schreiben

$$\frac{m c^2}{2} = \frac{m c_0^2 \alpha}{2} \left(\frac{1}{\alpha} + t\right) = \frac{m c_0^2 \alpha}{2} T.$$

$\frac{m c_0^2 \alpha}{2}$ ist die Zunahme der Energie eines Elektrons, wenn die Temperatur um 1° C steigt. Wir können diesen

Ausdruck die **Wärmekapazität des Elektrons** nennen. Ziehen wir die Masseneinheit der Elektronen in Betracht, so ist deren Wärmekapazität, d. i. die **spezifische Wärme der Elektronen**,

$$\gamma = \frac{c_0^2 \alpha}{2},$$

da wir jetzt anstatt m die Größe Eins zu setzen haben.

Wir setzen nun weiter voraus, daß die Metallatome nahe aneinander liegen. Die Elektronen werden daher sehr viele Zusammenstöße mit den Metallatomen machen, während die Stöße, welche sie untereinander vollführen, dagegen sehr selten sein sollen. Für den Weg l, welchen ein Elektron zwischen zwei Zusammenstößen im Mittel zurücklegt, werden also in erster Linie die Zusammenstöße mit den Metallatomen in Betracht kommen, weshalb wir auch nur diese bei der Berechnung berücksichtigen.

Wir können nun die Wärmeleitungsfähigkeit k eines Metalls genau so finden, wie jene eines Gases. Es ergibt sich somit (Bd. II, § 59)

$$k = \frac{Nmcl}{3}\gamma = \frac{Nmcl}{3} \cdot \frac{c_0^2 \alpha}{2}.$$

In dieser Formel können wir außer N und l alle Größen bestimmen. Da die Geschwindigkeit c proportional $\sqrt{T}$ ist, so verursacht dies eine Erhöhung der Wärmeleitung bei steigender Temperatur. Da aber auch die mittlere Weglänge l sich mit der Temperatur ändern muß, so wird die Beziehung zwischen Wärmeleitungsfähigkeit und Temperatur verwickelt. Durch die größeren Schwingungen, welche mit wachsender Temperatur die Metallatome machen, ist es nicht ausgeschlossen, daß die mittlere Weglänge der Elektronen dadurch kleiner wird. Es ist also aus der von uns gewonnenen Formel nicht zu erkennen, ob mit steigender Temperatur die Wärmeleitungsfähigkeit größer oder kleiner wird. Tatsächlich wurde beides beobachtet.

§ 65. Die Elektrizitätsleitung in Metallen.

Nach dem Ohmschen Gesetz haben wir zwischen der Stromstärke i, der elektromotorischen Kraft E und dem Widerstand w eines Leiters der Elektrizität die Beziehung

$$i = \frac{E}{w}.$$

Denken wir uns einen Würfel von 1 cm Kantenlänge, der parallel zu einer Kante vom elektrischen Strom durchflossen wird, und besitzen die Ein- und Austrittsfläche des Stromes den Potentialunterschied $\mathfrak{E}$, so haben wir im Würfel selbst auch die Feldintensität $\mathfrak{E}$ und die Stromstärke $i = \frac{\mathfrak{E}}{w}$. Wenn wir

$$\frac{1}{w} = L$$

setzen, wobei wir L jetzt die elektrische Leitfähigkeit der Substanz nennen, aus welcher der Würfel besteht, so haben wir die Beziehung

$$i = L\mathfrak{E}.$$

Nach den Vorstellungen des vorhergehenden Paragraphen können wir uns nun den Vorgang der Elektrizitätsströmung in einem Metall folgendermaßen vorstellen. Infolge der Wärmebewegung sind die Geschwindigkeiten der Elektronen nach allen Richtungen des Raumes gleichmäßig verteilt. Der damit verbundene Elektrizitätstransport ist daher gleich Null, da ebensoviel Elektrizität nach der einen Richtung getragen wird wie nach der entgegengesetzten. Wirkt hingegen eine elektrische Kraft, so wird auf dem Wege, welchen ein Elektron zwischen zwei

Zusammenstößen zurücklegt, dasselbe eine Beschleunigung in der Richtung der Kraft erfahren. Nach dieser Richtung wird somit mehr Elektrizität getragen als nach der entgegengesetzten. Wir erhalten einen elektrischen Strom.

Machen wir nun die Richtung der elektromotorischen Kraft in unserem Würfel zur x-Achse eines Koordinatensystems, so wird jedes negative Elektron durch die elektrische Kraft $\mathfrak{E}$ parallel zur x-Achse eine negative Beschleunigung, d. h. eine Verzögerung erfahren, welche sich aus der Kraftgleichung

$$m \frac{d^2 x}{dt^2} = -e\,\mathfrak{E}$$

ergibt. Es ist also

$$\frac{d^2 x}{dt^2} = -\frac{e\,\mathfrak{E}}{m}$$

oder

$$\frac{dx}{dt} = u - \frac{e\,\mathfrak{E}}{m} t,$$

wobei u die Geschwindigkeitskomponente infolge der Wärmebewegung bedeutet. Die elektrische Kraft wirkt ungestört auf das Elektron während der Zeit τ, welche zwischen zwei Zusammenstößen verfließt. Dieselbe ist im Mittel $\frac{l}{c}$ (§ 64). Die mittlere Geschwindigkeit, mit welcher sich das Elektron während dieser Zeit parallel zur x-Achse bewegt, wird daher sein

$$\frac{1}{\tau}\int_0^\tau \frac{dx}{dt} dt = \frac{1}{\tau}\int_0^\tau u\, dt - \frac{1}{\tau}\int_0^\tau \frac{e\,\mathfrak{E}}{m} t\, dt$$

$$= u - \frac{e\,\mathfrak{E}}{2m}\tau = u - \frac{e\,\mathfrak{E}\,l}{2mc}.$$

Summieren wir diese Geschwindigkeitskomponenten für sämtliche Elektronen und dividieren wir durch die Zahl N derselben, so erhalten wir die mittlere Geschwindigkeit, mit welcher sich die Elektronen parallel zur x-Achse bewegen. Dieselbe wird also

$$\frac{1}{N}\Sigma u - \frac{1}{N}\sum \frac{e\mathfrak{E}l}{2mc} = -\frac{e\mathfrak{E}l}{2mc}$$

sein, da ja ebenso viele positive als negative u vorhanden sind, während für alle N Elektronen die Größe $\frac{e\mathfrak{E}l}{2mc}$ dieselbe ist. Es werden also $-\frac{Ne\mathfrak{E}l}{2mc}$ Elektronen den Querschnitt des Würfels in der Sekunde passieren, wobei das negative Vorzeichen sich natürlich nur auf die Bewegungsrichtung bezieht. Jedes führt die Elektrizitätsmenge $-e$ mit sich, die Stromstärke i wird daher sein

$$i = L\mathfrak{E} = -\frac{Ne\mathfrak{E}l}{2mc}\cdot -e = \frac{Ne^2\mathfrak{E}l}{2mc},$$

woraus sich für die Leitfähigkeit selbst ergibt

$$L = \frac{Ne^2 l}{2mc}.$$

Wir können hier ebenfalls wie bei der Wärmeleitung bis auf N und l alle Größen bestimmen. Da die Erfahrung ergeben hat, daß für viele Metalle die Leitfähigkeit verkehrt proportional der absoluten Temperatur ist, d. h. verkehrt proportional der Größe c^2, so müßte für dieselben die Weglänge l proportional $\frac{1}{\sqrt{T}}$ sein, also mit wachsender Temperatur abnehmen. Wir sind damit in Übereinstimmung mit dem Schluß des vorigen Paragraphen, indem wir auch dort zu dem Resultate gekommen sind, daß die mittlere Weglänge l für viele Metalle mit wachsender Temperatur abnehmen muß.

§ 66. Wiedemann-Franzsches Gesetz.

Von G. Wiedemann und Franz wurde das Gesetz gefunden, daß für die Metalle das Verhältnis der Wärmeleitungsfähigkeit zum elektrischen Leitvermögen nahezu konstant sei. Sind unsere Rechnungen richtig, so müssen wir aus den Resultaten der zwei vorhergehenden Paragraphen dieses Gesetz sofort herleiten können. Bilden wir das Verhältnis $\frac{k}{L}$, so ergibt dies

$$\frac{k}{L} = \frac{\frac{N m c l}{3} \cdot \frac{c_0^2 \alpha}{2}}{\frac{N e^2 l}{2 m c}} = \frac{m^2 c^2 c_0^2 \alpha}{3 e^2}.$$

Nun ist aber wieder

$$c^2 = c_0^2 (1 + \alpha t) = c_0^2 \alpha \left(\frac{1}{\alpha} + t\right) = c_0^2 \alpha T,$$

daher

$$\frac{k}{L} = \frac{m^2 c_0^4 \alpha^2}{3 e^2} T.$$

Wir erhalten also tatsächlich das Resultat, daß das Verhältnis der Wärmeleitungsfähigkeit und des elektrischen Leitvermögens eine von der Natur des Metalles unabhängige Größe ist, und ferner, daß dieses Verhältnis mit der absoluten Temperatur proportional wächst. Gerade diese letzte Folgerung haben die Experimente sehr befriedigend bestätigt.

§ 67. Die Beziehung des Gasdruckes zur Leitfähigkeit der Metalle für die Wärme und Elektrizität.

Die Elektrizitätsmenge Eins wird $\frac{1}{e}$ Elektronen enthalten. Ein Coulomb scheidet bei der Elektrolyse (§ 44) eine bestimmte Menge Wasserstoff ab, welche, da jedes Wasserstoffatom die Ladung e besitzt, $\frac{1}{e}$ Atome oder $\frac{1}{2e}$ Molekeln enthält. Der Druck eines Gases ist

$$p = \frac{N m c^2}{3},$$

wobei N die Zahl der Gasmolekeln in der Volumseinheit bedeutet. Haben wir in einem Kubikzentimeter die obige Wasserstoffmenge, so ist

$$N = \frac{1}{2e},$$

daher

$$p = \frac{m c^2}{6e},$$

wobei die Größe $m c^2$ unabhängig von der Natur des Gases ist, nach unserer Annahme also auch den Elektronen zukommt. Wir können die Formel auch schreiben

$$p = \frac{m c_0^2 \alpha}{6e} T$$

oder

$$\frac{m c_0^2 \alpha}{e} = \frac{6p}{T}.$$

Dieselbe Größe ergibt aber auch die letzte Formel des vorigen Paragraphen in der Form

$$\frac{m c_0^2 \alpha}{e} = \sqrt{\frac{3k}{LT}}.$$

Wir erhalten somit die Beziehung

$$\frac{6p}{T} = \sqrt{\frac{3k}{LT}}$$

oder

$$6p = \sqrt{\frac{3kT}{L}},$$

eine Gleichung, die sich, soweit zu erwarten steht, in der Tat sehr gut bestätigt.

§ 68. Ionisation der Gase.

So wie die reinen Flüssigkeiten haben wir auch die Gase als vollkommene Nichtleiter der Elektrizität aufzufassen. Erst bei Vorhandensein von Ionen werden sowohl Flüssigkeiten als auch Gase zu Leitern. Wir müssen uns eine unelektrische Gasmolekel, ja vielleicht überhaupt jede Molekel so vorstellen, daß sie mindestens ein positives und ein negatives Elektron enthält. Wir übertragen also die Vorstellung der elektrolytischen Ionen ohne weiteres auf die Gase. Zur Zerlegung einer Substanz in elektrolytische Ionen dient gewöhnlich der Vorgang der Auflösung und zwar hauptsächlich, indem wir Wasser als Lösungsmittel benützen. Dies ist aber nicht immer notwendig, um Salze in ihre elektrolytische Ionen zu spalten. So leitet z. B. Jodsilber auch im festen Zustande elektrolytisch. Bei anderen Salzen, wie etwa Chloraluminium, genügt es, sie zu schmelzen, um sie zu elektrolytischen Stromleitern zu machen. Auch die Gasmolekeln können auf die verschiedenste Weise in Ionen gespalten werden. Denken wir uns nämlich die Elektronen mehr oder weniger fest mit den Molekeln verbunden, so wird wegen der elektromagnetischen Masse, die wir ihnen zuschreiben müssen (§ 49), der Zusammenhalt der Elektronen mit den Molekeln um so lockerer werden, je heftiger die Stöße werden, welche nach der kinetischen Theorie die Gasmolekeln untereinander vollführen. Da die mittlere kinetische Energie der Molekeln mit der Temperatur steigt, so können schon entsprechend hohe Temperaturen genügen, um ein Gas zu ionisieren. Weitaus wirksamer sind jedoch andere „Ionisatoren", so z. B. ultraviolettes Licht, welches das Gas durchstrahlt, Röntgen-, Becquerelstrahlen, hohe elektrische Spannungen u. a.

Unter gegebenen Umständen zerlegt ein Ionisator in jedem Kubikzentimeter Gas in der Sekunde eine ganz bestimmte Anzahl Molekeln in Ionen. Bei der großen Beweglichkeit der Gasmolekeln werden die Ionen aber auch einander wieder begegnen und sich wieder zu neutralen Molekeln vereinigen können. Ist nun die Zahl der Molekeln, welche in der Sekunde ionisiert werden, gleich der Zahl der sich neu bildenden neutralen Molekeln, so haben wir einen Gleichgewichtszustand, der durch die Zahl der ionisierten Molekeln in der Volumseinheit gegeben ist.

Die Geschwindigkeit, mit welcher sich die Ionen wieder zu neutralen Molekeln vereinigen, wird wesentlich von der Zahl der Zusammenstöße abhängen, welche ein Ion mit einem zugehörigen anderen macht. Nehmen wir an, jede sich ionisierende Molekel spalte sich in ein positives und ein negatives Ion, so ist die Zahl der positiven und der negativen freien Ionen gleichgroß, sie sei für jede Art n. Die Zahl der Zusammenstöße, welche ein positives Ion mit den negativen macht, ist proportional der Zahl n (Bd. II, § 57). Wir können sie, wenn k_1 die entsprechende Konstante ist, mit $k_1 n$ bezeichnen. Die n positiven Ionen werden daher mit den negativen $k_1 n^2$ Zusammenstöße in der Sekunde machen. Dieser Zahl wird die Zahl der sich in der Zeiteinheit neu bildenden neutralen Molekeln proportional gesetzt werden können, oder es bilden sich in der Sekunde $k n^2$ neutrale Molekeln, wo k eine neue Konstante ist.

Werden nun in der Sekunde N_i Molekeln ionisiert, so muß für den Gleichgewichtszustand gelten

$$k n^2 = N_i$$

oder

$$n = \sqrt{\frac{N_i}{k}}\,.$$

Da wir die Stärke, den Wirkungsgrad des Ionisators, oder wie wir es sonst nennen wollen, der Zahl N_i der in der Zeiteinheit sich ionisierenden Molekeln proportional setzen können, so wächst also die Anzahl der in der Volumseinheit des Gases vorhandenen positiven bzw. negativen Ionen nicht, wie man meinen könnte, proportional mit der Stärke, sondern mit der Quadratwurzel aus der Stärke des Ionisators.

§ 69. Leitfähigkeit der Gase — Sättigungsstrom.

Wir denken uns einen Würfel von 1 cm Kantenlänge. Zwei gegenüberliegende Flächen seien Elektroden von der Potentialdifferenz $\mathfrak{E}$. Befindet sich in diesem Würfel ein ionisiertes Gas, so werden die positiven Ionen gegen die Kathode, die negativen gegen die Anode getrieben. Es entsteht ein Elektrizitätstransport; das ionisierte Gas ist ein Leiter der Elektrizität. Der Einfachheit halber nehmen wir wieder an, wir hätten n positive und ebensoviel negative Ionen. Jedes Ion besitze das Elementarquantum e der Elektrizität als Ladung. Wir können den Elektrizitätstransport und somit die Leitfähigkeit der Luft jetzt genau so berechnen wie die Leitfähigkeit der Metalle (§ 65), nur ist zu beachten, daß hier nicht nur die negativen, sondern auch die positiven Elektronen am Elektrizitätstransport teilnehmen.

Ist die mittlere Weglänge der positiven Ionen l_p, ihre Masse m_p, die Geschwindigkeit der Wärmebewegung c_p, sind die entsprechenden Werte der negativen Ionen l_n, m_n, c_n, so wird nach § 65 die Zahl der positiven Ionen, welche in der Sekunde den Querschnitt des Leiters passieren, $\frac{n e \mathfrak{E} l_p}{2 m_p c_p}$, die Zahl der negativen $\frac{n e \mathfrak{E} l_n}{2 m_n c_n}$ sein. Da jedes Ion die Elektrizitätsmenge e mit sich führt, so wird die gesamte Elektrizitätsmenge, welche in der Zeiteinheit den Querschnitt des Leiters passiert, das ist die Stromstärke

$$i = \frac{n e^2 \mathfrak{E}}{2} \left(\frac{l_p}{m_p c_p} + \frac{l_n}{m_n c_n} \right)$$

sein. Setzen wir

$$\frac{e^2 l_p}{2 m_p c_p} = u , \qquad \frac{e^2 l_n}{2 m_n c_n} = v ,$$

so wird

$$i = n \mathfrak{E} (u + v) .$$

In dieser Form erkennen wir die große Ähnlichkeit zwischen der Elektrizitätsleitung in Lösungen (§ 44) und in Gasen.

Diese Ähnlichkeit gilt jedoch nur für kurz andauernde Ströme. Während wir nämlich bei der Elektrizitätsleitung in Lösungen die Zahl der Ionen in der Volumseinheit durch längere Zeit als konstant ansehen konnten, woraus ohne weiteres die Gültigkeit des Ohmschen Gesetzes folgt, ist dies bei Gasen nicht mehr der Fall. Hier ändert sich die Konzentration der Ionen infolge ihrer Wanderung relativ rasch, wir müssen die in der Volumseinheit vorhandene Ionenzahl als eine Funktion des Potentialgefälles $\mathfrak{E}$ betrachten. Erst wenn die Zahl der in der Sekunde sich ionisierenden Molekeln N_i den verschwindenden Ionen das Gleichgewicht hält, erhalten wir konstante Ionenkonzentration. Die Zahl der verschwindenden Ionen ist aber gegeben erstens durch die sich bildenden neutralen Molekeln, deren Zahl wir im vorigen Paragraphen $k n^2$ setzten, zweitens durch den Elektrizitätsausgleich an den Elektroden. Da hier je zwei Ionen wieder eine neutrale Molekel bilden, so ist die Zahl der dadurch in der Sekunde entstehenden neutralen Molekeln

$$\frac{1}{2}\left[\frac{n e \mathfrak{E}}{2}\left(\frac{l_p}{m_p c_p} + \frac{l_n}{m_n c_n}\right)\right] = \frac{i}{2e}.$$

Die Konzentration n der Ionen in unserem Gas wird also gegeben sein durch

$$N_i - k n^2 - \frac{i}{2e} = 0.$$

Für den Strom i ist also der Widerstand gleichzeitig eine Funktion der elektromotorischen Kraft, oder, wie man gewöhnlich sagt, er befolgt nicht das Ohmsche Gesetz. Mit wachsender elektromotorischer Kraft steigt auch die Stromstärke, aber nicht in gleichem Maße wie die elektromotorische Kraft. Der Versuch zeigt sogar, daß man mit steigender Stromstärke die Größe $k n^2$ gegen $\frac{i}{2e}$ vernachlässigen kann, so daß wir nur noch die Gleichung haben

$$N_i = \frac{i}{2e}$$

oder

$$i = 2 e N_i .$$

In diesem Falle ist der Strom konstant und unabhängig von der Größe der elektromotorischen Kraft. Man nennt ihn den Sättigungsstrom. Es ist die größte Stromstärke, welche erzielt werden kann. Die durch zufällige Begegnung sich neutralisierenden Ionen spielen in diesem Falle keine Rolle mehr, sondern alle durch den Ionisator erzeugten Ionen werden an die Elektroden geführt. Durch Messung der Stromstärke läßt sich somit die Größe $e N_i$ finden, welche wir wieder proportional der Stärke des Ionisators setzen können, so daß wir auf diese Weise Ionisatoren in ihrer Wirkung miteinander vergleichen können.

Anhang.

Elastizitätstheorie.

§ 70. Normal- und Tangentialspannungen.

Wirken auf einen elastischen Körper Zug- und Druckkräfte, so wird er deformiert, und in seinem Innern treten Spannungen auf. Fassen wir ein Elementarparallelepiped, dessen Kanten parallel den drei Achsen eines rechtwinkligen Koordinatensystems sind, ins Auge, so werden wir die Kräfte, welche auf eine Fläche des Parallelepipeds wirken, immer in eine Normal- und eine Tangentialkraft zerlegen können. Die Größe der Kraft wird proportional der Größe des Flächenelementes sein, auf welches sie wirkt. Wir können daher auch von der Kraft per Flächeneinheit sprechen. Diese Kräfte per Flächeneinheit wollen wir im folgenden in Betracht ziehen.

Die Kraft, welche normal zu einem Flächenelement, das senkrecht zur x-Achse steht, wirkt, wollen wir, weil sie parallel zur x-Achse gerichtet ist, mit X_x bezeichnen. Analog werden wir die Normalkräfte parallel zur y- und z-Achse Y_y bzw. Z_z schreiben. Die Tangentialkraft, welche in das Flächenelement selbst hineinfällt, können wir immer in zwei Komponenten parallel zu den Koordinatenachsen zerlegen. Nehmen wir z. B. die Tangentialkraft, welche ein Flächenelement, das senkrecht zur x-Achse steht, angreift, so erhalten wir eine Komponente parallel zur y- und eine parallel zur z-Achse. Wir wollen sie dementsprechend mit Y_x und Z_x bezeichnen. Analog werden wir die Tangentialkräfte, welche auf ein Element wirken, das senkrecht zur y-Achse steht, mit X_y und Z_y, die für ein Flächenelement senkrecht zur z-Achse mit X_z, Y_z bezeichnen. Man pflegt gewöhnlich die Kräfte per Flächeneinheit X_x, Y_y, Z_z die Normalspannungen, die Kräfte X_y, X_z, Y_x, Y_z, Z_x, Z_y die Tangentialspannungen zu nennen.

§ 71. Deformationen durch Normalspannungen — Längsdilatation — Querkontraktion — Volumsdilatation.

Nach dem Hookeschen Gesetz ist die Dehnung eines Prismas proportional der dehnenden Kraft. Gleichzeitig zeigt sich, daß neben der Dehnung eine Querkontraktion eintritt, welche zwar kleiner als die Dehnung, aber proportional derselben ist. Denken wir uns einen Würfel von 1 cm Kantenlänge, die Kanten parallel den Achsen eines rechtwinkligen Koordinatensystems. Es wirke auf ihn lediglich die Normalspannung X_x, welche wir normal zur linken und rechten Seitenfläche in entgegengesetzter Richtung wirkend annehmen müssen. Die Kanten parallel zur x-Achse erfahren dadurch eine Verlängerung, die sogenannte Längsdilatation

$$x_x = \frac{X_x}{E},$$

hingegen jene, die senkrecht zur x-Achse stehen, das sind die Kanten parallel zur y- bzw. z-Achse, eine Verkürzung, die Querkontraktion

$$y_y = z_z = -\frac{k\,X_x}{E},$$

wobei k ein Bruch ist, der nach der Erfahrung zwischen $^1/_2$ und $^1/_4$ liegt, und die Konstante E gewöhnlich der Elastizitätsmodul genannt wird.

Wirken auf den Würfel die drei Spannungen X_x, Y_y, Z_z, so erfahren die Kanten parallel zur x-Achse die Verlängerung

$$(51) \qquad x_x = \frac{X_x}{E} - k\frac{(Y_y + Z_z)}{E}.$$

Analog ist die Verlängerung der Kanten parallel zur y-Achse

$$y_y = \frac{Y_y}{E} - \frac{k(X_x + Z_z)}{E}$$

und parallel zur z-Achse

$$z_z = \frac{Z_z}{E} - \frac{k(X_x + Y_y)}{E}.$$

Während im neutralen Zustande unser Würfel den Inhalt von einem Kubikzentimeter hat, ist sein Volumen nach Einwirkung der Normalspannungen

$$(1 + x_x)(1 + y_y)(1 + z_z) = 1 + x_x + y_y + z_z,$$

da wegen der Kleinheit der Dehnungen Produkte derselben vernachlässigt werden können. Die Volumszunahme

$$(52) \qquad \theta = x_x + y_y + z_z$$

nennt man die Volumsdilatation.

§ 72. Deformationen durch Tangentialspannungen — Schiebungen.

Wir denken uns einen Elementarwürfel (Fig. 18) eines elastischen Körpers. Soll er unter dem Einfluß der Tangentialspannungen im Gleichgewichte sein, so genügen die Spannungen X_z nicht, da dieselben, wie man sieht, ein Drehungsmoment ergeben würden. Es müssen daher auch die Tangentialspannungen Z_x vorhanden sein, welche ein entgegengesetzt gerichtetes Drehungsmoment ergeben.

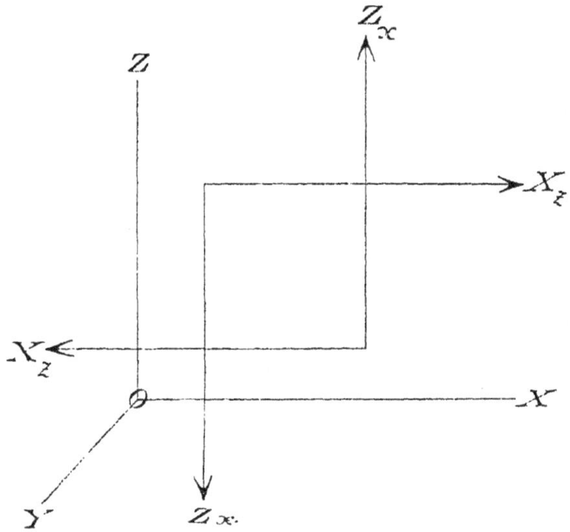

Fig. 18.

Nur wenn

$$X_z = Z_x$$

ist, wird Gleichgewicht vorhanden sein. Analog muß immer gelten

$$X_y = Y_x \quad \text{und} \quad Y_z = Z_y .$$

Die Tangentialkräfte deformieren ebenfalls den Körper. Stände ein Würfel von der Kantenlänge Eins nur unter dem Einfluß der Tangentialkraft X_z (Fig. 19), indem seine untere Fläche etwa festgehalten würde, so würde die Seitenfläche $ABCD$ die Form $A'B'CD$ annehmen. Die Strecke $AA' = BB' = x_z$ nennen wir die Schiebung oder Scherung, indem man die Tangentialkräfte auch scherende Kräfte nennt. Die Schiebung x_z gibt für einen Würfel von der Kantenlänge Eins direkt den Weg an, um welchen sich durch den Einfluß der Kraft X_z die Punkte der oberen Würfelfläche relativ zur unteren verschieben. Da die Strecke $AC = 1$ ist, so ist

$$x_z = AA' = \sphericalangle ACA' .$$

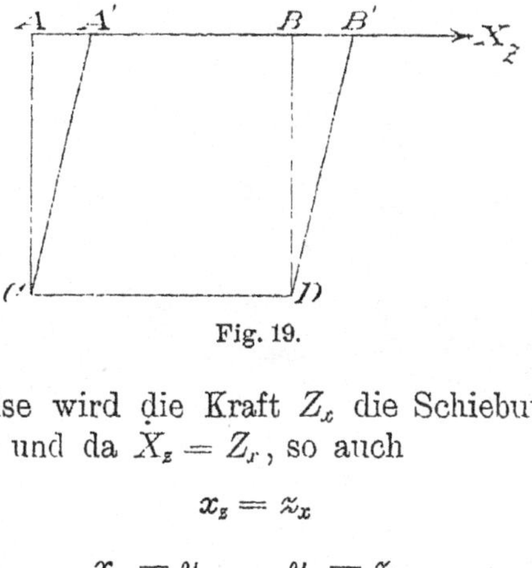

Fig. 19.

Gleicherweise wird die Kraft Z_x die Schiebung z_x hervorbringen, und da $X_z = Z_x$, so auch

$$x_z = z_x$$

und analog

$$x_y = y_x , \qquad y_z = z_y .$$

§ 73. Beziehung zwischen Normal-, Tangentialspannungen und Schiebungen.

Denken wir uns einen Würfel unter dem Einfluß der Tangentialspannungen X_z und Z_x, so nimmt die Seitenfläche $ABCD$ parallel zur (x, z)-Ebene des Koordinatensystems (Fig. 20) die Form $A'B'C'D'$ an. Diese Deformation können wir in einem Körper aber auch noch auf andere Weise, nämlich durch Normalspannungen erzielen. $EFGH$ (Fig. 21) sei der Querschnitt eines quadratischen Prismas von der Höhe Eins. Parallel den Seiten EG, FH sei die Normalspannung N vorhanden. Es wirkt somit auf die Fläche GH nach abwärts ein Zug $N \cdot \overline{GH}$, ein gleich großer in entgegengesetzter Richtung auf EF.

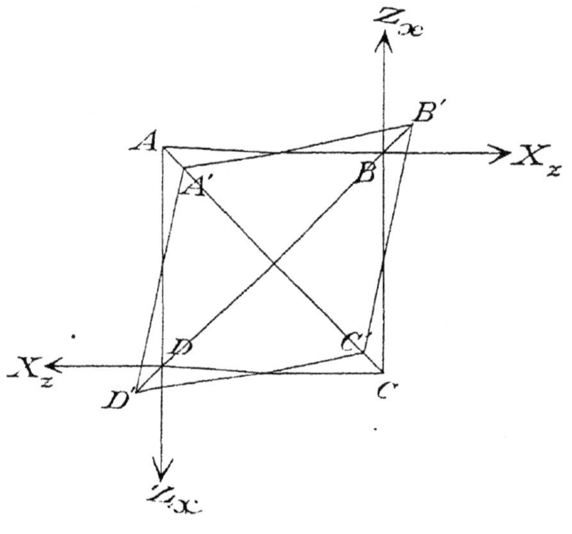

Fig. 20.

Dadurch erleidet das Quadrat $EFGH$ eine Deformation und geht über in das Rechteck $E'F'G'H'$, während sich das Quadrat $ABCD$ in den Rhombus $A'B'C'D'$ verwandelt. Dieselbe Deformation erzielen wir, wenn wir den Zug, der an der Fläche GD angreift, gleichmäßig über AD verteilen. Diesen Zug können wir bezüglich AD in eine Tangential- und eine Normalspannung zerlegen, die gleich groß sind, da der Winkel $\varphi = 45^0$. Dasselbe, was wir mit der Fläche AD taten, können wir bei den Flächen AB, BC und CD wiederholen. Wir erhalten so vier einander im Gleichgewicht haltende Normalkräfte, die keine Verschiebung hervorrufen können, ferner die durch Pfeile angedeuteten Tangentialspannungen T, welche also die Schiebung verursachen.

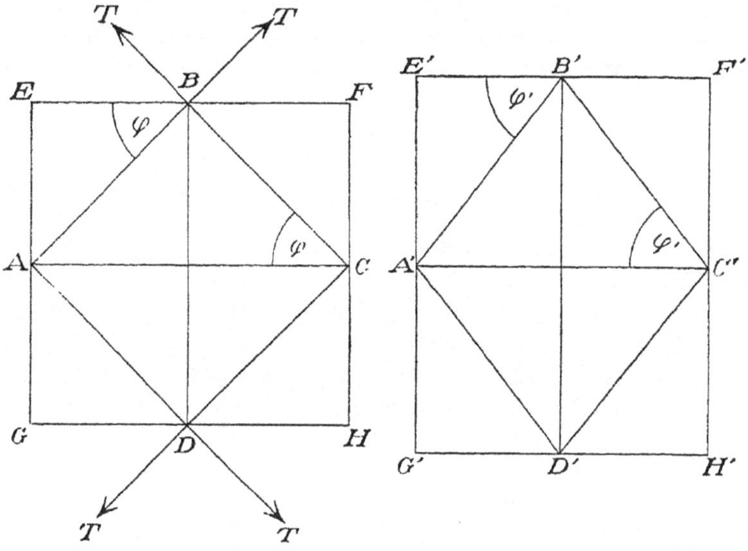

Fig. 21.

Die ursprüngliche Normalspannung N, welche auf die Fläche EB die Kraft $N \cdot \overline{EB}$ ausübt, wird per Einheit der Fläche AB eine Kraft S zur Folge haben, welche gegeben ist durch

$$N \cdot \overline{EB} = S \cdot \overline{AB} = S \cdot \overline{EB} \cdot \sqrt{2} ,$$

oder

$$S = \frac{N}{\sqrt{2}} .$$

Somit ist die Komponente

$$T = S \cos\frac{\pi}{4} = \frac{S}{\sqrt{2}} = \frac{N}{2}.$$

Durch die Deformation des Quadrates $EFGH$ in das Rechteck $E'F'G'H'$ geht der Winkel φ in φ' über. Es ist

$$\operatorname{tg}\varphi = \frac{EA}{EB} = 1,$$

$$\operatorname{tg}\varphi' = \frac{\overline{EA}\left(1 + \frac{N}{E}\right)}{\overline{EB}\left(1 - \frac{kN}{E}\right)} = \operatorname{tg}\varphi \cdot \frac{1 + \frac{N}{E}}{1 - \frac{kN}{E}}.$$

(§ 71.) Wegen der Kleinheit von $\frac{N}{E}$ können wir schreiben

$$\operatorname{tg}\varphi' = \operatorname{tg}\varphi\left(1 + \frac{N}{E}\right)\left(1 + \frac{kN}{E}\right) = \operatorname{tg}\varphi\left[1 + (1 + k)\frac{N}{E}\right],$$

oder

$$\operatorname{tg}\varphi' - \operatorname{tg}\varphi = d(\operatorname{tg}\varphi) = \frac{d\varphi}{\cos^2\varphi} = 2\,d\varphi = (1 + k)\frac{N}{E},$$

was man alles sofort erhält, wenn man bedenkt, daß φ' und φ sehr wenig voneinander verschieden sind, daß ferner $\varphi = \frac{\pi}{4}$, also $\operatorname{tg}\varphi = 1$, $\cos^2\varphi = \frac{1}{2}$ ist. Es ergibt sich somit

$$d\varphi = (1 + k)\frac{N}{2E} = \frac{(1 + k)}{E}T,$$

da wir ja $T = \frac{N}{2}$ fanden.

Durch eine Drehung um 45° können wir das Quadrat $ABCD$ (Fig. 21) mit dem Quadrat (Fig. 20) zur Deckung bringen und sehen ohne weiteres, daß die Tangentialspannungen T dann mit X_z bzw. Z_x, die Winkelveränderung $d\varphi$ mit der Schiebung $x_z = z_x$ identisch wird. Danach erhalten wir also

$$(53) \qquad x_z = z_x = \frac{1+k}{E} X_z = \frac{1+k}{E} Z_x ;$$

ebenso ergibt sich

$$x_y = y_x = \frac{1+k}{E} X_y = \frac{1+k}{E} Y_x$$

und

$$y_z = z_y = \frac{1+k}{E} Y_z = \frac{1+k}{E} Z_y .$$

§ 74. Gleichgewicht und Bewegung elastischer Körper.

Auf ein Elementarparallelepiped eines elastischen isotropen Körpers — nur für solche haben wir unsere Untersuchungen angestellt — sollen Normal- und Tangentialspannungen und außerdem äußere Kräfte wirken. Letztere seien, wie etwa die Schwerkraft, proportional der Masse des Körpers. Nennen wir die Komponenten der äußeren Kräfte auf die Masseneinheit X, Y, Z, so wirkt parallel zur x-Achse auf unser Prisma die äußere Kraft $\varrho \alpha \beta \gamma X$, wenn wir mit ϱ die Dichte des Körpers, mit α, β, γ die Prismenkanten bezeichnen, welche parallel den Achsen des Koordinatensystems zu denken sind. Es wirkt ferner auf die linke Seite des Prismas infolge der Normalspannung X_x die Kraft $-\beta \gamma X_x$, auf die rechte analog $\beta\gamma X_x'$. Da wir die Spannungen als stetige Funktionen der Koordinaten auffassen, so ist

$$X_x' = X_x + \frac{\partial X_x}{\partial x}\alpha\,,$$

also

$$X_x' - X_x = \frac{\partial X_x}{\partial x}\alpha\,,$$

woraus für das Prisma die Kraft $\alpha\beta\gamma\frac{\partial X_x}{\partial x}$ resultiert. Ganz ebenso steht es mit den Tangentialspannungen X_y und X_z. Sie ergeben die Kräfte $\alpha\beta\gamma\frac{\partial X_y}{\partial y}$ und $\alpha\beta\gamma\frac{\partial X_z}{\partial z}$.

Für den Fall des Gleichgewichtes muß die Summe aller dieser Kräfte gleich Null, für den Fall der Bewegung gleich der Masse multipliziert mit der Beschleunigung des Elementarparallelepipeds sein. Im ersten Falle erhalten wir somit

$$\alpha\beta\gamma\left(\frac{\partial X_x}{\partial x} + \frac{\partial X_y}{\partial y} + \frac{\partial X_z}{\partial z} + \varrho X\right) = 0\,,$$

oder

(54) $$\frac{\partial X_x}{\partial x} + \frac{\partial X_y}{\partial y} + \frac{\partial X_z}{\partial z} + \varrho X = 0\,.$$

Im Falle der Bewegung muß der vorletzte Ausdruck gleich $\alpha\beta\gamma\varrho\frac{d^2\xi}{dt^2}$ oder es muß

(55) $$\varrho\frac{d^2\xi}{dt^2} = \frac{\partial X_x}{\partial x} + \frac{\partial X_y}{\partial y} + \frac{\partial X_z}{\partial z} + \varrho X$$

sein, indem wir mit $\frac{d^2\xi}{dt^2}$ die Beschleunigung parallel zur x-Achse bezeichnen, während $\alpha\beta\gamma\varrho$ die Masse des Volumselementes ist. Dabei haben wir angenommen, daß nicht nur, wie wir im § 72 bewiesen haben, im Ruhezustand, sondern auch bei der Bewegung für jeden Punkt des Körpers

$$X_z = Z_x$$

usw. gilt. Daß dies tatsächlich zutrifft, ergibt uns sofort die Fig. 18. Hat der Elementarwürfel daselbst die unendlich kleine Kantenlänge α, so ist das Drehungsmoment der X_z gleich $\alpha^3 X_z$, jenes der Z_x gleich $\alpha^3 Z_x$. Das Trägheitsmoment des Würfels ist $\Sigma m r^2$. (Bd. I, § 28), wird also, wie man leicht findet, von der Größenordnung α^5. Sollen demnach keine unendlich großen Winkelbeschleunigungen vorkommen, so ist das nur möglich, wenn X_z und Z_x im physikalischen Sinne einander gleich sind.

Nach Gleichung (51) (§ 71) können wir bilden

$$X_x = E x_x + k (X_x + Y_y + Z_z) - k X_x \,,$$

aus den Gleichungen (51) und (52)

$$\theta = x_x + y_y + z_z = \frac{1 - 2k}{E} (X_x + Y_y + Z_z) \,.$$

Danach ergibt sich für die frühere Gleichung

$$X_x = \frac{k E \theta}{(1 + k)(1 - 2k)} + \frac{E x_x}{1 + k} \,,$$

oder

(56) $$X_x = \lambda \theta + 2 \mu x_x \,,$$

wenn wir

$$\frac{k E}{(1 + k)(1 - 2k)} = \lambda \,, \quad \frac{1}{2} \frac{E}{1 + k} = \mu$$

setzen. Gleicherweise erhalten wir

$$Y_y = \lambda\,\theta + 2\,\mu\,y_y\,, \qquad Z_z = \lambda\,\theta + 2\,\mu\,z_z\,.$$

Ferner ergeben die Gleichungen (53) (§ 73) für die Tangentialspannungen

$$(57)\qquad \begin{cases} X_y = Y_x = 2\,\mu\,x_y = 2\,\mu\,y_x\,, \\ X_z = Z_x = 2\,\mu\,x_z = 2\,\mu\,z_x\,, \\ Y_z = Z_y = 2\,\mu\,y_z = 2\,\mu\,z_y\,. \end{cases}$$

Wir denken uns nun wieder ein Elementarparallelepiped eines elastischen Körpers. Im neutralen Zustande habe es die Kanten α, β, γ. Nach der Deformation soll der Anfangspunkt der Kante α einen Zuwachs der x-Koordinate um ξ, der Endpunkt um ξ' erfahren haben. Die Kante α hat dadurch eine Verlängerung $\xi' - \xi$ erlangt, und wir können wiederum

$$\xi' = \xi + \frac{\partial \xi}{\partial x}\,\alpha$$

setzen, so daß also

$$\xi' - \xi = \frac{\partial \xi}{\partial x}\,\alpha$$

die Verlängerung von α, $\frac{\partial \xi}{\partial x}$ daher die Verlängerung der Längeneinheit, d. h. die Dehnung parallel zur x-Achse ist. Analog erhalten wir für die Dehnung parallel zur y- und z-Achse die Ausdrücke $\frac{\partial \eta}{\partial y}$ und $\frac{\partial \zeta}{\partial z}$. Wir können somit die Gleichung (56) und die zugehörigen auch schreiben

$$X_x = \lambda\,\theta + 2\,\mu\,\frac{\partial \xi}{\partial x},$$

$$Y_y = \lambda\,\theta + 2\,\mu\,\frac{\partial \eta}{\partial y},$$

$$Z_z = \lambda\,\theta + 2\,\mu\,\frac{\partial \zeta}{\partial z}.$$

Desgleichen ist

$$\theta = \frac{\partial \xi}{\partial x} + \frac{\partial \eta}{\partial y} + \frac{\partial \zeta}{\partial z}.$$

Ist infolge der Tangentialspannung X_z (Fig. 19) der Punkt A um die Strecke $AA' = x_z$ verschoben worden, so können wir, da x_z nichts anderes als die Tangente des Winkels ACA' gleich $\frac{\partial \xi}{\partial z}$ ist,

$$x_z = z_x = \frac{\partial \xi}{\partial z} = \frac{\partial \zeta}{\partial x}$$

oder auch

$$x_z = z_x = \frac{1}{2}\left(\frac{\partial \xi}{\partial z} + \frac{\partial \zeta}{\partial x}\right)$$

setzen. Danach lassen sich die Gleichungen (57) auch schreiben

$$X_y = Y_x = \mu\left(\frac{\partial \xi}{\partial y} + \frac{\partial \eta}{\partial x}\right),$$

$$X_z = Z_x = \mu\left(\frac{\partial \xi}{\partial z} + \frac{\partial \zeta}{\partial x}\right),$$

$$Y_z = Z_y = \mu\left(\frac{\partial \eta}{\partial z} + \frac{\partial \zeta}{\partial y}\right),$$

und wir finden unmittelbar

$$\frac{\partial X_x}{\partial x} = \lambda \frac{\partial \theta}{\partial x} + 2\mu \frac{\partial^2 \xi}{\partial x^2},$$

$$\frac{\partial X_y}{\partial y} = \mu \left(\frac{\partial^2 \xi}{\partial y^2} + \frac{\partial^2 \eta}{\partial x \partial y} \right),$$

$$\frac{\partial X_z}{\partial z} = \mu \left(\frac{\partial^2 \xi}{\partial z^2} + \frac{\partial^2 \zeta}{\partial x \partial z} \right).$$

Durch Addition dieser drei Gleichungen ergibt sich

$$\frac{\partial X_x}{\partial x} + \frac{\partial X_y}{\partial y} + \frac{\partial X_z}{\partial z}$$

$$= \lambda \frac{\partial \theta}{\partial x} + \mu \Delta \xi + \mu \frac{\partial}{\partial x} \left(\frac{\partial \xi}{\partial x} + \frac{\partial \eta}{\partial y} + \frac{\partial \zeta}{\partial z} \right)$$

$$= (\lambda + \mu) \frac{\partial \theta}{\partial x} + \mu \Delta \xi,$$

wenn wir unter $\Delta \xi$ den Ausdruck $\frac{\partial^2 \xi}{\partial x^2} + \frac{\partial^2 \xi}{\partial y^2} + \frac{\partial^2 \xi}{\partial z^2}$ verstehen. Sonach erhalten wir nach Gleichung (54) für das Gleichgewicht eines elastischen Körpers die Beziehungen

$$(\lambda + \mu) \frac{\partial \theta}{\partial x} + \mu \Delta \xi + \varrho X = 0,$$

$$(\lambda + \mu) \frac{\partial \theta}{\partial y} + \mu \Delta \eta + \varrho Y = 0,$$

$$(\lambda + \mu) \frac{\partial \theta}{\partial z} + \mu \Delta \zeta + \varrho Z = 0,$$

für die Bewegung hingegen

$$(58)\quad \begin{cases} \varrho \dfrac{d^2\xi}{dt^2} = (\lambda + \mu)\dfrac{\partial \theta}{\partial x} + \mu \Delta \xi + \varrho X, \\ \varrho \dfrac{d^2\eta}{dt^2} = (\lambda + \mu)\dfrac{\partial \theta}{\partial y} + \mu \Delta \eta + \varrho Y, \\ \varrho \dfrac{d^2\zeta}{dt^2} = (\lambda + \mu)\dfrac{\partial \theta}{\partial z} + \mu \Delta \zeta + \varrho Z. \end{cases}$$

§ 75. Planwellen in einem unbegrenzten elastischen festen Körper.

Um spezielle Beispiele sowohl des Gleichgewichtes als der Bewegung elastischer Körper zu berechnen, ist es in der Regel angezeigt, nicht von den allgemeinen Gleichungen auszugehen, sondern die Gleichungen für die Kräfte direkt aus der Gestalt des Körpers anzusetzen. So haben wir z. B. die Gleichung für die Längsschwingungen in Stäben direkt entwickelt (Bd. I, § 86). Wir wollen deshalb an dieser Stelle nur noch den Fall einer Planwelle in einem unbegrenzten Medium betrachten, der sich in sehr einfacher Weise unmittelbar aus den allgemeinen Gleichungen (58) ergibt.

Wir denken uns ein dreiachsiges rechtwinkliges Koordinatensystem und nehmen an, daß in jeder Ebene parallel zur (y, z)-Ebene alles konstant sei, sowohl die Dehnungen als die Verschiebungen. Äußere Kräfte sollen überhaupt keine vorhanden sein, so daß

$$X = Y = Z = 0$$

wird. In den Gleichungen (58) müssen somit alle Ableitungen nach y und z gleich Null werden. Da allgemein

$$\theta = \frac{\partial \xi}{\partial x} + \frac{\partial \eta}{\partial y} + \frac{\partial \zeta}{\partial z},$$

so wird für unseren Fall

$$\theta = \frac{\partial \xi}{\partial x},$$

daher

$$\frac{\partial \theta}{\partial x} = \frac{\partial^2 \xi}{\partial x^2}.$$

Ferner wird

$$\Delta \xi = \frac{\partial^2 \xi}{\partial x^2}, \qquad \Delta \eta = \frac{\partial^2 \eta}{\partial x^2}, \qquad \Delta \zeta = \frac{\partial^2 \zeta}{\partial x^2},$$

und die Gleichungen (58) vereinfachen sich in folgende:

$$\varrho \frac{d^2 \xi}{d t^2} = (\lambda + 2\mu) \frac{\partial^2 \xi}{\partial x^2}$$

$$\varrho \frac{d^2 \eta}{d t^2} = \mu \frac{\partial^2 \eta}{\partial x^2},$$

$$\varrho \frac{d^2 \zeta}{d t^2} = \mu \frac{\partial^2 \zeta}{\partial x^2},$$

die wir auch noch schreiben können

$$\frac{d^2 \xi}{d t^2} = a^2 \frac{\partial^2 \xi}{\partial x^2},$$

$$\frac{d^2 \eta}{d t^2} = c^2 \frac{\partial^2 \eta}{\partial x^2},$$

$$\frac{d^2 \zeta}{d t^2} = c^2 \frac{\partial^2 \zeta}{\partial x^2},$$

indem wir

$$\frac{\lambda + 2\mu}{\varrho} = a^2, \qquad \frac{\mu}{\varrho} = c^2$$

gesetzt haben.

Die erste dieser Gleichungen ist gelöst durch

$$\xi = f(x - a t),$$

die zweite und dritte durch

$$\eta = \varphi(x - c t)$$

bzw.

$$\zeta = \psi(x - c t)$$

(Bd. I, § 79). Die Verschiebungen ξ einer Planwelle pflanzen sich in der Richtung der Verschiebung mit der Geschwindigkeit

$$a = \sqrt{\frac{\lambda + 2\mu}{\varrho}}$$

fort. Es ist dies also die Fortpflanzungsgeschwindigkeit der Longitudinalwellen. Die Verschiebungen η und ζ, welche parallel zur Wellenebene erfolgen, pflanzen sich senkrecht dazu mit der Geschwindigkeit

$$c = \sqrt{\frac{\mu}{\varrho}}$$

fort. Dies ist die Fortpflanzungsgeschwindigkeit der Transversalwellen.

Die Fortpflanzungsgeschwindigkeit der Longitudinalwellen im unbegrenzten Raume darf nicht verwechselt werden mit der Fortpflanzungsgeschwindigkeit der Longitudinalwellen in einem Stabe. Die Verschiedenheit rührt daher, daß hier Querkontraktion eintritt, also keine Transversalspannungen im Stabe auftreten, während im unbegrenzten Raume keine Querkontraktion, infolgedessen entsprechende Transversalspannungen bei jeder Dilatation bzw. Kompression eintreten.

Lehrbücher der elektromagnetischen Licht-, Strahlungs-, Elektronen- und Elastizitätstheorie.

C. Christiansen, Elemente der theoretischen Physik. 2. Aufl. Braunschweig 1891.

J. C. Maxwell, Lehrbuch der Elektrizität und des Magnetismus. Berlin 1883.

L. Boltzmann, Vorlesungen über Maxwells Theorie der Elektrizität und des Lichtes. Leipzig 1891.

H. v. Helmholtz, Vorlesungen über die elektromagnetische Theorie des Lichtes. Leipzig 1897.

—, Dynamik kontinuierlich verbreiteter Massen. Leipzig 1902.

P. Drude, Lehrbuch der Optik. 2. Aufl. Leipzig 1906.

Enzyklopädie der mathematischen Wissenschaften. Bd. V_2, Heft 1.

Verzeichnis der erschienenen Bände.

B. Verzeichnis nach Wissenschaften.

Bibliothek zur Philosophie.

Einführung in die Philosophie von Dr. Max Wentscher, Professor an der Universität Königsberg. Nr. 281.

Geschichte der Philosophie IV: Neuere Philosophie bis Kant von Dr. Bruno Bauch, Privatdoz. an der Univers. Halle a. S. Nr. 394.

Psychologie und Logik zur Einführung in die Philosophie von Professor Dr. Th. Elsenhans. Mit 13 Figuren. Nr. 14.

Grundriß der Psychophysik von Professor Dr. G. F. Lipps in Leipzig. Mit 3 Figuren. Nr. 98.

Ethik von Prof. Dr. Thommas Achelis in Breen. Nr. 90.

Allgemeine Ästhetik von Prof. Dr. Max Diez, Lehrer an der Kgl. Akademie der bildenden Künste in Stuttgart. Nr. 300.

☛ Weitere Bände sind in Vorbereitung.

Bibliothek zur Sprachwissenschaft.

Indogermanische Sprachwissenschaft von Dr. R. Meringer, Professor an der Universität Graz. Mit 1 Tafel. Nr. 59.

Germanische Sprachwissenschaft von Dr. Rich. Loewe in Berlin. Nr. 238.

Romanische Sprachwissenschaft von Dr. Adolf Zauner, Privatdozent an der Universität Wien. 2 Bände. Nr. 128, 250.

Semitische Sprachwissenschaft von Dr. C. Brockelmann, Professor an der Universität Königsberg. Nr. 291.

Finnisch-ugrische Sprachwissenschaft von Prof. Dr. Josef Szinnyei in Budapest. Nr. 463.

Deutsche Grammatik und kurze Geschichte der deutschen Sprache von Schulrat Professor Dr. O. Lyon in Dresden. Nr. 20.

Deutsche Poetik von Dr. K. Borinski, Professor an der Universität München. Nr. 40.

Deutsche Redelehre von Hans Probst, Gymnasialprof. in Bamberg. Nr. 61.

Aufsatzentwürfe von Oberstudienrat Dr. L. W. Straub, Rektor des Eberhard-Ludwigs-Gymnasiums in Stuttgart. Nr. 17.

Wörterbuch nach der neuen deutschen Rechtschreibung v. Dr. Heinrich Klenz. Nr. 200.

Deutsches Wörterbuch von Dr. Richard Loewe in Berlin. Nr. 64.

Das Fremdwort im Deutschen von Dr. Rud. Kleinpaul in Leipzig. Nr. 55.

Deutsches Fremdwörterbuch von Dr. Rudolf Kleinpaul in Leipzig. Nr. 273.

Plattdeutsche Mundarten v. Prof. Dr. Hub. Grimme, Freiburg (Schweiz). Nr. 461.

Die deutschen Personennamen von Dr. Rudolf Kleinpaul in Leipzig. Nr. 422.

Englisch-deutsches Gesprächsbuch von Professor Dr. E. Hausknecht in Lausanne. Nr. 424.

Grundriß der lateinischen Sprachlehre v. Prof. Dr. W. Votsch i. Magdeburg. Nr. 82.

Russische Grammatik von Dr. Erich Berneker, Prof. an der Universit. Prag. Nr. 66.

Russisch-Deutsches Gesprächsbuch von Dr. Erich Berneker, Professor an der Universität Prag. Nr. 68.

Russisches Lesebuch mit Glossar v. Dr. Erich Berneker, Prof. a. d. Univ. Prag. Nr. 67.
Russische Literatur v. Dr. Erich Boehme, Lektor an d. Handelshochschule Berlin. I. Teil: Auswahl moderner Prosa und Poesie mit ausführlichen Anmerkungen und Akzentbezeichnung. Nr. 403.
— — II. Teil: Всеволодъ Гаршинъ, Разсказы. Mit Anmerkungen und Akzentbezeichnung. Nr. 404.
Geschichte der klassischen Philologie von Dr. Wilh. Kroll, ord. Prof. an der Universität Münster. Nr. 367.

Siehe auch „Handelswissenschaftliche Bibliothek".

☛ Weitere Bände sind in Vorbereitung.

Literaturgeschichtliche Bibliothek.

Deutsche Literaturgeschichte von Dr. Max Koch, Professor an der Universität Breslau. Nr. 31.
Deutsche Literaturgeschichte der Klassikerzeit von Prof. Carl Weitbrecht. Durchgesehen und ergänzt von Karl Berger. Nr. 161.
Deutsche Literaturgeschichte des 19. Jahrhunderts von Carl Weitbrecht. Durchgesehen und ergänzt von Dr. Richard Weitbrecht in Wimpfen. 2 Teile. Nr. 134, 135.
Geschichte des deutschen Romans von Dr. Hellmuth Mielke. Nr. 229.
Gotische Sprachdenkmäler mit Grammatik, Übersetzung und Erläuterungen von Dr. Herm. Jantzen, Dir. d. Königin Luise-Schule in Königsberg i. Pr. Nr. 79.
Althochdeutsche Literatur mit Grammatik, Übersetzung und Erläuterungen von Th. Schauffler, Prof. am Realgymnasium in Ulm. Nr. 28.
Eddalieder mit Grammatik, Übersetzung und Erläuterungen von Dr. Wilh. Ranisch, Gymnasialoberlehrer in Osnabrück. Nr. 171.
Das Walthari-Lied. Ein Heldensang aus dem 10. Jahrhundert im Versmaße der Urschrift übersetzt u. erläutert v. Prof. Dr. H. Althof in Weimar. Nr. 46.
Dichtungen aus mittelhochdeutscher Frühzeit. In Auswahl mit Einleitungen und Wörterbuch herausgegeben von Dr. Hermann Jantzen, Direktor der Königin Luise-Schule in Königsberg i. Pr. Nr. 137.
Der Nibelunge Nôt in Auswahl und **mittelhochdeutsche Grammatik** mit kurzem Wörterbuch von Dr. W. Golther, Prof. an der Universität Rostock. Nr. 1.
Kudrun und Dietrichepen. Mit Einleitung und Wörterbuch von Dr. O. L. Jiriczek, Prof. an der Universität Münster. Nr. 10.
Hartmann von Aue, Wolfram von Eschenbach und Gottfried von Straßburg. Auswahl aus dem höfischen Epos mit Anmerkungen und Wörterbuch v. Dr. K. Marold, Prof. a. Kgl. Friedrichskollegium zu Königsberg i. Pr. Nr. 22.
Walther von der Vogelweide mit Auswahl aus **Minnesang und Spruchdichtung.** Mit Anmerkungen und einem Wörterbuch von O. Güntter, Prof. an der Oberrealschule und an der Techn. Hochschule in Stuttgart. Nr. 23.
Die Epigonen des höfischen Epos. Auswahl aus deutschen Dichtungen des 13. Jahrhunderts von Dr. Viktor Junk, Aktuarius der Kais. Akademie der Wissenschaften in Wien. Nr. 289.
Literaturdenkmäler des 14. und 15. Jahrhunderts, ausgewählt und erläutert von Dr. Hermann Jantzen, Direktor der Königin Luise-Schule in Königsberg i. Pr. Nr. 181.

Literaturdenkmäler des 16. Jahrhunderts. I: Martin Luther, Thomas Murner und das Kirchenlied des 16. Jahrhunderts. Ausgewählt und mit Einleitungen und Anmerkungen versehen von Prof. G. Berlit, Oberlehrer am Nikolaigymnasium zu Leipzig. Nr. 7.

— II: Hans Sachs. Ausgewählt u. erläutert v. Professor Dr. Julius Sahr. Nr. 24.

— III: Von Brant bis Rollenhagen: Brant, Hutten, Fischart, sowie Tierepos und Fabel. Ausgewählt u. erläutert von Prof. Dr. Julius Sahr. Nr. 36.

Deutsche Literaturdenkmäler des 17. und 18. Jahrhunderts von Dr. Paul Legband in Berlin. 1. Teil. Nr. 364.

Simplicius Simplicissimus von Hans Jakob Christoffel von Grimmelshausen. In Auswahl herausgegeben von Prof. Dr. F. Bobertag, Dozent an der Universität Breslau. Nr. 138.

Das deutsche Volkslied. Ausgewählt und erläutert von Professor Dr. Julius Sahr. 2 Bändchen. Nr. 25, 132.

Englische Literaturgeschichte von Dr. Karl Weiser in Wien. Nr. 69.

Grundzüge und Haupttypen der englischen Literaturgeschichte von Dr. Arnold M. M. Schröer, Prof. an der Handelshochschule in Köln. 2 Teile. Nr. 286, 287.

Italienische Literaturgeschichte von Dr. Karl Voßler, Prof. an der Universität Heidelberg. Nr. 125.

Spanische Literaturgeschichte von Dr. Rudolf Beer in Wien. 2 Bde. Nr. 167, 168.

Portugiesische Literaturgeschichte von Dr. Karl von Reinhardstoettner, Prof. an der Königl. Technischen Hochschule München. Nr. 213.

Russische Literaturgeschichte von Dr. Georg Polonskij in München. Nr. 166.

Slavische Literaturgeschichte von Dr. Josef Karásek in Wien. I: Ältere Literatur bis zur Wiedergeburt. Nr. 277.

— II: Das 19. Jahrhundert. Nr. 278.

Nordische Literaturgeschichte. I: Die isländische und norwegische Literatur des Mittelalters von Dr. Wolfgang Golther, Prof. an der Univ. Rostock. Nr. 254.

Die Hauptliteraturen des Orients von Dr. Mich. Haberlandt, Privatdozent an der Universität Wien. I: Die Literaturen Ostasiens und Indiens. Nr. 162.

— II: Die Literaturen der Perser, Semiten und Türken. Nr. 163.

Griechische Literaturgeschichte mit Berücksichtigung der Geschichte der Wissenschaften von Dr. Alfred Gercke, Prof. an der Univers. Greifswald. Nr. 70.

Römische Literaturgeschichte von Dr. Herm. Joachim in Hamburg. Nr. 52.

Die Metamorphosen des P. Ovidius Naso. In Auswahl mit einer Einleitung und Anmerkungen herausgegeben von Dr. Julius Ziehen in Frankfurt a. M. Nr. 442.

☛ Weitere Bände sind in Vorbereitung.

Geschichtliche Bibliothek.

Einleitung in die Geschichtswissenschaft von Dr. Ernst Bernheim, Prof. an der Universität Greifswald. Nr. 270.

Urgeschichte der Menschheit von Dr. Moriz Hoernes, Prof. an der Universität in Wien. Mit 53 Abbildungen. Nr. 42.

Geschichte des alten Morgenlandes von Dr. Fr. Hommel, o. ö. Prof. der semitischen Sprachen an der Universität in München. Mit 9 Voll- und Textbildern und 1 Karte des Morgenlandes. Nr. 43.

Geschichte Israels bis auf die griechische Zeit von Lic. Dr. J. Benzinger. Nr. 231.

Neutestamentliche Zeitgeschichte I: Der historische und kulturgeschichtliche Hintergrund des Urchristentums von Lic. Dr. W. Staerk, Professor an der Universität Jena. Mit 3 Karten. Nr. 325.

— II: Die Religion des Judentums im Zeitalter des Hellenismus und der Römerherrschaft. Mit einer Planskizze. Nr. 326.

Griechische Geschichte von Dr. Heinrich Swoboda, Prof. an der Deutschen Univ. Prag. Nr. 49.

Griechische Altertumskunde von Prof. Dr. Rich. Maisch, neubearbeitet von Rektor Dr. Franz Pohlhammer. Mit 9 Vollbildern. Nr. 16.

Römische Geschichte von Realgymnasialdirektor Dr. Julius Koch in Grunewald. Nr. 19.

Römische Altertumskunde von Dr. Leo Bloch in Wien. Mit 8 Vollbild. Nr. 45.

Geschichte des Byzantinischen Reiches von Dr. K. Roth in Kempten. Nr. 190.

Deutsche Geschichte I: Mittelalter (bis 1519) von Prof. Dr. F. Kurze, Oberlehrer am Kgl. Luisengymnasium in Berlin. Nr. 33.

— II: Zeitalter der Reformation und der Religionskriege (1500—1648) von Prof. Dr. F. Kurze, Oberlehrer am Kgl. Luisengymn. in Berlin. Nr. 34.

— III: Vom Westfälischen Frieden bis zur Auflösung des alten Reichs (1648 bis 1806) von Prof. Dr. F. Kurze, Oberlehrer am Kgl. Luisengymnasium in Berlin. Nr. 35.

Deutsche Stammeskunde von Dr. Rudolf Much, Prof. an der Universität in Wien. Mit 2 Karten und 2 Tafeln. Nr. 126.

Die deutschen Altertümer von Dr. Franz Fuhse, Direktor des Städt. Museums in Braunschweig. Mit 70 Abbildungen. Nr. 124.

Abriß der Burgenkunde von Hofrat Dr. Otto Piper in München. Mit 30 Abbildungen. Nr. 119.

Deutsche Kulturgeschichte von Dr. Reinh. Günther. Nr. 56.

Deutsches Leben im 12. u. 13. Jahrhundert. Realkommentar zu den Volks- und Kunstepen und zum Minnesang. I: Öffentliches Leben. Von Prof. Dr. Jul. Dieffenbacher in Freiburg i. B. Mit 1 Tafel u. Abbildungen. Nr. 93.

— II: Privatleben. Mit Abbildungen. Nr. 328.

Quellenkunde zur Deutschen Geschichte von Dr. Carl Jacob, Prof. an der Universität in Tübingen. 1. Band. Nr. 279.

Österreichische Geschichte. I: Von der Urzeit bis zum Tode König Albrechts II. (1439) von Prof. Dr. Franz von Krones, neubearbeitet von Dr. Karl Uhlirz, Prof. an der Univ. Graz. Mit 11 Stammtafeln. Nr. 104.

— II: Vom Tode König Albrechts II. bis zum Westfälischen Frieden (1440 bis 1648) von Prof. Dr. Franz von Krones, neubearbeitet von Dr. Karl Uhlirz, Prof. an der Universität Graz. Mit 2 Stammtafeln. Nr. 105.

Englische Geschichte von Prof. L. Gerber, Oberlehrer in Düsseldorf. Nr. 375.

Französische Geschichte von Dr. R. Sternfeld, Prof. an der Univ. Berlin. Nr. 85.

Russische Geschichte von Dr. Wilhelm Reeb, Oberlehrer am Ostergymnasium in Mainz. Nr. 4.

Polnische Geschichte von Dr. Clemens Brandenburger in Posen. Nr. 338.

Spanische Geschichte von Dr. Gust. Diercks. Nr. 266.

Schweizerische Geschichte v. Dr. K. Dändliker, Prof. a. d. Univ. Zürich. Nr. 188.

Geschichte der christlichen Balkanstaaten (Bulgarien, Serbien, Rumänien, Montenegro, Griechenland) von Dr. K. Roth in Kempten. Nr. 331.

Bayerische Geschichte von Dr. Hans Ockel in Augsburg. Nr. 160.

Geschichte Frankens von Dr. Christian Meyer, Kgl. preuß. Staatsarchivar a. D. in München. Nr. 434.

Sächsische Geschichte von Prof. Otto Kaemmel, Rektor des Nikolaigymnasiums zu Leipzig. Nr. 100.

Thüringische Geschichte von Dr. Ernst Devrient in Jena. Nr. 352.

Badische Geschichte von Dr. Karl Brunner, Prof. am Gymnasium in Pforzheim u. Privatdozent der Geschichte an der Techn. Hochschule in Karlsruhe. Nr. 230.

Württembergische Geschichte von Dr. Karl Weller, Professor am Karlsgymnasium in Stuttgart. Nr. 462.

Geschichte Lothringens von Geh. Reg.-R. Dr. Herm. Derichsweiler in Straßburg. Nr. 6.

Die Kultur der Renaissance. Gesittung, Forschung, Dichtung von Dr. Robert F. Arnold, Professor an der Universität Wien. Nr. 189.

Geschichte des 19. Jahrhunderts von Oskar Jäger, o. Honorarprofessor an der Universität Bonn. 1. Bändchen: 1800—1852. Nr. 216.

— 2. Bändchen: 1853 bis Ende des Jahrhunderts. Nr. 217.

Kolonialgeschichte von Dr. Dietrich Schäfer, Prof. der Geschichte an der Univ. Berlin. Nr. 156.

Die Seemacht in der deutschen Geschichte von Wirkl. Admiralitätsrat Dr. Ernst von Halle, Prof. an der Universität Berlin. Nr. 370.

☛ Weitere Bände sind in Vorbereitung.

Geographische Bibliothek.

Physische Geographie von Dr. Siegm. Günther, Professor an der Königl. Technischen Hochschule in München. Mit 32 Abbildungen. Nr. 26.

Astronomische Geographie von Dr. Siegm. Günther, Professor an der Königl. Technischen Hochschule in München. Mit 52 Abbildungen. Nr. 92.

Klimakunde. I: Allgemeine Klimalehre von Professor Dr. W. Köppen, Meteorologe der Seewarte Hamburg. Mit 7 Tafeln u. 2 Figuren. Nr. 114.

Meteorologie von Dr. W. Trabert, Professor a. d. Universität in Innsbruck. Mit 49 Abbildungen und 7 Tafeln. Nr. 54.

Physische Meereskunde von Prof. Dr. Gerhard Schott, Abteilungsvorsteher an der Deutschen Seewarte in Hamburg. Mit 28 Abb. im Text u. 8 Tafeln. Nr. 112.

Paläogeographie. Geologische Geschichte der Meere u. Festländer v. Dr. Franz Kossmat in Wien. Mit 6 Karten. Nr. 406.

Paläoklimatologie von Dr. Wilh. R. Eckardt in Aachen. Nr. 482.

Das Eiszeitalter von Dr. Emil Werth in Berlin-Wilmersdorf. Mit 17 Abbildungen und 1 Karte. Nr. 431.

Die Alpen von Dr. Rob. Sieger, Prof. an der Universität Graz. Mit 19 Abbildungen und 1 Karte. Nr. 129.

Gletscherkunde von Dr. Fritz Machacek in Wien. Mit 5 Abbildungen im Text und 11 Tafeln. Nr. 154.

Pflanzengeographie von Prof. Dr. Ludwig Diels, Privatdoz. an der Univers. Berlin. Nr. 389.

Tiergeographie von Dr. Arnold Jacobi, Professor der Zoologie an der Königl. Forstakademie zu Tharandt. Mit 2 Karten. Nr. 218.

Länderkunde von Europa von Dr. Franz Heiderich, Professor am Francisco-Josephinum in Mödling. Mit 14 Textkärtchen und Diagrammen und einer Karte der Alpeneinteilung. Nr. 62.

— **der außereuropäischen Erdteile** von Dr. Franz Heiderich, Professor am Francisco-Josephinum in Mödling. Mit 11 Textkärtchen u. Profil. Nr. 63.

Landeskunde und Wirtschaftsgeographie des Festlandes Australien von Dr. Kurt Hassert, Professor an der Handelshochschule in Köln. Mit 8 Abbildungen, 6 graphischen Tabellen und 1 Karte. Nr. 319.

— **von Baden** von Professor Dr. O. Kienitz in Karlsruhe. Mit Profilen, Abbildungen und 1 Karte. Nr. 199.

— **des Königreichs Bayern** von Dr. W. Götz, Professor an der Königl. Techn. Hochschule München. Mit Profilen, Abbildungen und 1 Karte. Nr. 176.

— **der Republik Brasilien** von Rodolpho von Ihering. Mit 12 Abbildungen und einer Karte. Nr. 373.

— **von Britisch-Nordamerika** von Professor Dr. A. Oppel in Bremen. Mit 13 Abbildungen und 1 Karte. Nr. 284.

— **von Elsaß-Lothringen** von Prof. Dr. R. Langenbeck in Straßburg i. E. Mit 11 Abbildungen und 1 Karte. Nr. 215.

— **des Großherzogtums Hessen, der Provinz Hessen-Nassau und des Fürstentums Waldeck** von Prof. Dr. Georg Greim in Darmstadt. Mit 13 Abbildungen und 1 Karte. Nr. 376.

— **der Iberischen Halbinsel** v. Dr. Fritz Regel, Prof. a. d. Univ. Würzburg. Mit 8 Kärtchen und 8 Abbildungen im Text und 1 Karte im Farbendruck. Nr. 235.

— **von Österreich-Ungarn** von Dr. Alfred Grund, Professor an der Universität Berlin. Mit 10 Textillustrationen und 1 Karte. Nr. 244.

— **der Rheinprovinz** von Dr. V. Steinecke, Direktor des Realgymnasiums in Essen. Mit 9 Abb., 3 Kärtchen und 1 Karte. Nr. 308.

— **des Europäischen Rußlands nebst Finnlands** von Dr. Alfred Philippson, ord. Prof. der Geographie an der Universität Halle a. S. Mit 9 Abbildungen, 7 Textkarten und einer lithographischen Karte. Nr. 359.

— **des Königreichs Sachsen** von Dr. J. Zemmrich, Oberlehrer am Realgymnasium in Plauen. Mit 12 Abbildungen und 1 Karte. Nr. 258

— **der Schweiz** von Professor Dr. H. Walser in Bern. Mit 16 Abbildungen und einer Karte. Nr. 398.

— **von Skandinavien** (Schweden, Norwegen und Dänemark) von Heinrich Kerp, Lehrer am Gymnasium und Lehrer der Erdkunde am Comenius-Seminar zu Bonn. Mit 11 Abbildungen und 1 Karte. Nr. 202.

— **der Vereinigten Staaten von Nordamerika** von Prof. Heinrich Fischer, Oberlehrer am Luisenstädtischen Realgymnasium in Berlin. Mit Karten, Figuren im Text und Tafeln. 2 Bändchen. Nr. 381, 382.

— **des Königreichs Württemberg** von Dr. Kurt Hassert, Professor an der Handelshochschule in Köln. Mit 16 Vollbildern und 1 Karte. Nr. 157.

Die deutschen Kolonien I: Togo und Kamerun von Prof. Dr. Karl Dove. Mit 16 Tafeln und einer lithographischen Karte. Nr. 441.

Landes- und Volkskunde Palästinas von Privatdozent Dr. G. Hölscher in Halle a. S. Mit 8 Vollbildern und einer Karte. Nr. 345.

Völkerkunde von Dr. Michael Haberlandt, Privatdozent an der Universität Wien. Mit 56 Abbildungen. Nr. 73.

Kartenkunde, geschichtlich dargestellt von E. Gelcich, Direktor der k. k. Nautischen Schule in Lussinpiccolo, F. Sauter, Professor am Realgymnasium in Ulm und Dr. Paul Dinse, Assistent der Gesellschaft für Erdkunde in Berlin, neu bearbeitet von Dr. M. Groll, Kartograph in Berlin. Mit 71 Abbildungen. Nr. 30.

☞ Weitere Bände sind in Vorbereitung.

Mathematische Bibliothek.

Geschichte der Mathematik von Dr. A. Sturm, Professor am Obergymnasium in Seitenstetten. Nr. 226.

Arithmetik und Algebra von Dr. Hermann Schubert, Prof. an der Gelehrtenschule des Johanneums in Hamburg. Nr. 47.

Beispielsammlung zur Arithmetik und Algebra von Dr. Hermann Schubert, Prof. an der Gelehrtenschule des Johanneums in Hamburg. Nr. 48.

Algebraische Kurven von Eugen Beutel, Oberreallehrer in Vaihingen-Enz. I: Kurvendiskussion. Mit 57 Figuren im Text. Nr. 435.

Determinanten von Paul B. Fischer, Oberlehrer an der Oberrealschule zu Groß-Lichterfelde. Nr. 402.

Ebene Geometrie mit 110 zweifarb. Figuren von G. Mahler, Prof. am Gymnasium in Ulm. Nr. 41.

Darstellende Geometrie I mit 110 Figuren von Dr. Rob. Haußner, Prof. an der Universität Jena. Nr. 142.

— — II. Mit 40 Figuren. Nr. 143.

Ebene und sphärische Trigonometrie mit 70 Fig. von Dr. Gerhard Hessenberg, Professor an der Landwirtschaftl. Akademie Bonn-Poppelsdorf. Nr. 99.

Stereometrie mit 44 Figuren von Dr. R. Glaser in Stuttgart. Nr. 97.

Niedere Analysis mit 6 Fig. von Prof. Dr. Benedikt Sporer in Ehingen. Nr. 53.

Vierstellige Tafeln und Gegentafeln für logarithmisches und trigonometrisches Rechnen in zwei Farben zusammengestellt von Dr. Hermann Schubert, Prof. an der Gelehrtenschule des Johanneums in Hamburg. Nr. 81.

Fünfstellige Logarithmen von Professor Aug. Adler, Direktor der k. k. Staatsoberrealschule in Wien. Nr. 423.

Analytische Geometrie der Ebene mit 57 Figuren von Prof. Dr. M. Simon in Straßburg. Nr. 65.

Aufgabensammlung zur analytischen Geometrie der Ebene mit 32 Fig. von O. Th. Bürklen, Professor am Realgymnasium in Schwäb.-Gmünd. Nr. 256.

Analytische Geometrie des Raumes mit 28 Abbildungen von Professor Dr. M. Simon in Straßburg. Nr. 89.

Aufgabensammlung zur analytischen Geometrie des Raumes mit 8 Fig. von O. Th. Bürklen, Prof. am Realgymnasium in Schwäb.-Gmünd. Nr. 309.

Höhere Analysis I: Differentialrechnung mit 68 Figuren von Dr. Friedrich Junker, Prof. am Karlsgymnasium in Stuttgart. Nr. 87.

— **II: Integralrechnung** mit 89 Figuren von Dr. Friedrich Junker, Prof. am Karlsgymnasium in Stuttgart. Nr. 88.

Repetitorium und Aufgabensammlung zur Differentialrechnung mit 46 Fig. von Dr. Friedr. Junker, Prof. am Karlsgymnasium in Stuttgart. Nr. 146.

Repetitorium und Aufgabensammlung zur Integralrechnung mit 52 Fig. von Dr. Friedr. Junker, Prof. am Karlsgymnasium in Stuttgart. Nr. 147.

Projektive Geometrie in synthetischer Behandlung mit 91 Fig. von Dr. K. Doehlemann, Prof. an der Universität München. Nr. 72.

Mathematische Formelsammlung und Repetitorium der Mathematik, enth. die wichtigsten Formeln und Lehrsätze der Arithmetik, Algebra, algebraischen Analysis, ebenen Geometrie, Stereometrie, ebenen und sphärischen Trigonometrie, math. Geographie, analyt. Geometrie der Ebene und des Raumes, der Differential- und Integralrechnung von O. Th. Bürklen, Prof. am Kgl. Realgymnasium in Schw.-Gmünd. Mit 18 Figuren. Nr. 51.

Versicherungsmathematik von Dr. Alfred Loewy, Prof. an der Universität Freiburg i. Br. Nr. 180.

Ausgleichungsrechnung nach der Methode der kleinsten Quadrate mit 15 Fig. und 2 Tafeln von Wilh. Weitbrecht, Professor der Geodäsie in Stuttgart. Nr. 302.

Vektoranalysis von Dr. Siegfr. Valentiner, Privatdozent für Physik an der Universität Berlin. Mit 11 Figuren. Nr. 354.

Astronomische Geographie mit 52 Figuren von Dr. Siegm. Günther, Prof. an der Techn. Hochschule in München. Nr. 92.

Astrophysik. Die Beschaffenheit der Himmelskörper von Dr. Walter F. Wislicenus, Prof. an der Universität Straßburg. Mit 11 Abbildungen. Nr. 91.

Astronomie. Größe, Bewegung und Entfernung der Himmelskörper von A. F. Möbius, neubearb. von Dr. W. F. Wislicenus, Prof. an der Univ. Straßburg. Mit 36 Abbildungen und 1 Sternkarte. Nr. 11.

Geodäsie mit 66 Abbildungen von Dr. C. Reinhertz, Prof. an der Techn. Hochschule Hannover. Nr. 102.

Nautik. Kurzer Abriß des täglich an Bord von Handelsschiffen angewandten Teils der Schiffahrtskunde mit 56 Abbildungen von Dr. Franz Schulze, Direktor der Navigationsschule zu Lübeck. Nr. 84.

Geometrisches Zeichnen von H. Becker, Architekt und Lehrer an der Baugewerkschule in Magdeburg, neu bearbeitet von Prof. J. Vonderlinn, Direktor der Kgl. Baugewerkschule zu Münster i. W. Mit 290 Figuren und 23 Tafeln im Text. Nr. 58.

☛ Weitere Bände sind in Vorbereitung. Gleichzeitig macht die Verlagshandlung auf die „Sammlung Schubert", eine Sammlung mathematischer Lehrbücher, aufmerksam. Ein vollständiges Verzeichnis dieser Sammlung befindet sich am Schluß dieses Prospektes. Außerdem kann ein ausführlicher mathematischer Katalog der G. J. Göschen'schen Verlagshandlung kostenfrei durch jede Buchhandlung bezogen werden.

Naturwissenschaftliche Bibliothek.

Paläontologie und Abstammungslehre von Prof. Dr. Karl Diener in Wien. Mit 9 Abbildungen. Nr. 460.

Der menschliche Körper, sein Bau und seine Tätigkeiten, von E. Rebmann, Oberschulrat in Karlsruhe. Mit Gesundheitslehre von Dr. med. H. Seiler. Mit 47 Abbildungen und 1 Tafel. Nr. 18.

Urgeschichte der Menschheit von Dr. Moriz Hoernes, Prof. an der Universität Wien. Mit 53 Abbildungen. Nr. 42.

Völkerkunde von Dr. Michael Haberlandt, k. u. k. Kustos der ethnogr. Sammlung des naturhistor. Hofmuseums u. Privatdozent an der Universität Wien. Mit 51 Abbildungen. Nr. 73.

Tierkunde von Dr. Franz v. Wagner, Prof. an der Universität Graz. Mit 78 Abbildungen. Nr. 60.

Abriß der Biologie der Tiere von Dr. Heinrich Simroth, Professor an der Universität Leipzig. Nr. 131.

Tiergeographie von Dr. Arnold Jacobi, Prof. der Zoologie an der Kgl. Forstakademie zu Tharandt. Mit 2 Karten. Nr. 218.

Das Tierreich. I: Säugetiere, von Oberstudienrat Prof. Dr. Kurt Lampert, Vorsteher des Kgl. Naturalienkabinetts in Stuttgart. Mit 15 Abbild. Nr. 282.

— **III: Reptilien und Amphibien.** Von Dr. Franz Werner, Privatdozent an der Universität Wien. Mit 48 Abbildungen. Nr. 383.

— **IV: Fische**, von Dr. Max Rauther, Privatdozent der Zoologie an der Universität Gießen. Mit 37 Abbildungen. Nr. 356.

— **VI: Die wirbellosen Tiere** von Dr. Ludwig Böhmig, Prof. der Zoologie an der Universität Graz. I: Urtiere, Schwämme, Nesseltiere, Rippenquallen und Würmer. Mit 74 Figuren. Nr. 439.

Entwicklungsgeschichte der Tiere von Dr. Johs. Meisenheimer, Professor der Zoologie an der Universität Marburg. I: Furchung, Primitivanlagen, Larven, Formbildung, Embryonalhüllen. Mit 48 Fig. Nr. 378.

— II: Organbildung. Mit 46 Figuren. Nr. 379.

Schmarotzer und Schmarotzertum in der Tierwelt. Erste Einführung in die tierische Schmarotzerkunde von Dr. Franz v. Wagner, Professor an der Universität Graz. Mit 67 Abbildungen. Nr. 151.

Geschichte der Zoologie von Dr. Rud. Burckhardt, weil. Direktor der Zoologischen Station des Berliner Aquariums in Rovigno (Istrien). Nr. 357.

Die Pflanze, ihr Bau und ihr Leben von Professor Dr. E. Dennert in Godesberg. Mit 96 Abbildungen. Nr. 44.

Das Pflanzenreich. Einteilung des gesamten Pflanzenreichs mit den wichtigsten und bekanntesten Arten von Dr. F. Reinecke in Breslau und Dr. W. Migula, Prof. an der Forstakademie Eisenach. Mit 50 Fig. Nr. 122.

Pflanzenbiologie von Dr. W. Migula, Prof. an der Forstakademie Eisenach. Mit 50 Abbildungen. Nr. 127.

Pflanzengeographie von Prof. Dr. Ludwig Diels, Privatdoz. an der Univers. Berlin. Nr. 389.

Morphologie, Anatomie und Physiologie der Pflanzen von Dr. W. Migula, Prof. an der Forstakademie Eisenach. Mit 50 Abbildungen. Nr. 141.

Die Pflanzenwelt der Gewässer von Dr. W. Migula, Prof. an der Forstakademie Eisenach. Mit 50 Abbildungen. Nr. 158.

Exkursionsflora von Deutschland zum Bestimmen der häufigeren in Deutschland wildwachsenden Pflanzen von Dr. W. Migula, Prof. an der Forstakademie Eisenach. 2 Teile. Mit 100 Abbildungen. Nr. 268, 269.

Die Nadelhölzer von Prof. Dr. F. W. Neger in Tharandt. Mit 85 Abbildungen, 5 Tabellen und 3 Karten. Nr. 355.

Nutzpflanzen von Prof. Dr. J. Behrens, Vorst. der Großh. landwirtschaftl. Versuchsanst. Augustenberg. Mit 53 Figuren. Nr. 123.

Das System der Blütenpflanzen mit Ausschluß der Gymnospermen von Dr. R. Pilger, Assistent am Kgl. Botanischen Garten in Berlin-Dahlem. Mit 31 Figuren. Nr. 393.

Pflanzenkrankheiten von Dr. Werner Friedrich Bruck in Gießen. Mit 1 farb. Tafel und 45 Abbildungen. Nr. 310.

Mineralogie von Dr. R. Brauns, Professor an d. Universität Bonn. Mit 130 Abbildungen. Nr. 29.

Geologie in kurzem Auszug für Schulen und zur Selbstbelehrung zusammengestellt von Prof. Dr. Eberh. Fraas in Stuttgart. Mit 16 Abbildungen und 4 Tafeln mit 51 Figuren. Nr. 13.

Paläontologie von Dr. Rud. Hoernes, Professor an der Universität Graz. Mit 87 Abbildungen. Nr. 95.

Petrographie von Dr. W. Bruhns, Professor an der Universität Straßburg i. E. Mit 15 Abbildungen. Nr. 173.

Kristallographie von Dr. W. Bruhns, Prof. an der Universität Straßburg. Mit 190 Abbildungen. Nr. 210.

Geschichte der Physik von A. Kistner, Prof. an der Großh. Realschule zu Sinsheim a. E. I: Die Physik bis Newton. Mit 13 Figuren. Nr. 293.

— II: Die Physik von Newton bis zur Gegenwart. Mit 3 Figuren. Nr. 294.

Theoretische Physik. I. Teil: Mechanik und Akustik. Von Dr. Gustav Jäger, Prof. der Physik an der Technischen Hochschule in Wien. Mit 19 Abb. Nr. 76.

— II. Teil: Licht und Wärme. Von Dr. Gustav Jäger, Prof. der Physik an der Technischen Hochschule in Wien. Mit 47 Abbildungen. Nr. 77.

— III. Teil: Elektrizität und Magnetismus. Von Dr. Gustav Jäger, Prof. der Physik an der Technischen Hochschule in Wien. Mit 33 Abbild. Nr. 78.

— IV. Teil: Elektromagnetische Lichttheorie und Elektronik. Von Dr. Gustav Jäger, Prof. der Physik an der Technischen Hochschule in Wien. Mit 21 Figuren. Nr. 374.

Radioaktivität von Wilh. Frommel. Mit 18 Figuren. Nr. 317.

Physikalische Messungsmethoden von Dr. Wilhelm Bahrdt, Oberlehrer an der Oberrealschule in Groß-Lichterfelde. Mit 49 Figuren. Nr. 301.

Geschichte der Chemie von Dr. Hugo Bauer, Assistent am chem. Laboratorium der Kgl. Technischen Hochschule Stuttgart. I: Von den ältesten Zeiten bis zur Verbrennungstheorie von Lavoisier. Nr. 264.

— II: Von Lavoisier bis zur Gegenwart. Nr. 265.

Anorganische Chemie von Dr. Jos. Klein in Mannheim. Nr. 37.

Metalloide (Anorganische Chemie I. Teil) von Dr. Oskar Schmidt, dipl. Ingenieur, Assistent an der Kgl. Baugewerkschule in Stuttgart. Nr. 211.

Metalle (Anorganische Chemie II. Teil) von Dr. Oskar Schmidt, dipl. Ingenieur, Assistent an der Kgl. Baugewerkschule in Stuttgart. Nr. 212.

Organische Chemie von Dr. Jos. Klein in Mannheim. Nr. 38.

Chemie der Kohlenstoffverbindungen von Dr. Hugo Bauer, Assistent am chem. Laboratorium der Kgl. Techn. Hochschule Stuttgart. I. II: Aliphatische Verbindungen. 2 Teile. Nr. 191, 192.

— III: Karbocyklische Verbindungen. Nr. 193.

— IV: Heterocyklische Verbindungen. Nr. 194.

Analytische Chemie von Dr. Johannes Hoppe. I: Theorie und Gang der Analyse. Nr. 247.

— II: Reaktion der Metalloide und Metalle. Nr. 248.

Maßanalyse von Dr. Otto Röhm in Stuttgart. Mit 14 Fig. Nr. 221.

Technisch-Chemische Analyse von Dr. G. Lunge, Prof. an der Eidgen. Polytechn. Schule in Zürich. Mit 16 Abbildungen. Nr. 195.

Stereochemie v. Dr. E. Wedekind, Prof. a. d. Univ. Tübingen. Mit 34 Abb. Nr. 201.

Allgemeine und physikalische Chemie von Dr. Max Rudolphi, Professor an der Techn. Hochschule in Darmstadt. Mit 22 Figuren. Nr. 71.

Elektrochemie von Dr. Heinrich Danneel in Friedrichshagen. I. Teil: Theoretische Elektrochemie u ihre physikal.-chemischen Grundlagen. Mit 18 Fig. Nr. 252.

— II: Experimentelle Elektrochemie, Meßmethoden, Leitfähigkeit, Lösungen. Mit 26 Figuren. Nr. 253.

Toxikologische Chemie von Privatdozent Dr. E. Mannheim in Bonn. Mit 6 Abbildungen. Nr. 465.

Agrikulturchemie. I: Pflanzenernährung von Dr. Karl Grauer. Nr. 329.

Das agrikulturchemische Kontrollwesen v. Dr. Paul Krische in Göttingen. Nr. 304.

Physiologische Chemie von Dr. med. A. Legahn in Berlin. I: Assimilation. Mit 2 Tafeln. Nr. 240.

— II: Dissimilation. Mit einer Tafel. Nr. 241.

Meteorologie von Dr. W. Trabert, Prof. an der Universität Innsbruck. Mit 49 Abbildungen und 7 Tafeln. Nr. 54.

Erdmagnetismus, Erdstrom und Polarlicht von Dr. A. Nippoldt jr., Mitglied d. Kgl. Preuß. Meteorol. Instituts zu Potsdam. Mit 14 Abb. u. 3 Taf. Nr. 175.

Astronomie. Größe, Bewegung und Entfernung der Himmelskörper von A. F. Möbius, neu bearb. von Dr. W. F. Wislicenus, Prof. an der Univ. Straßburg. Mit 36 Abbildungen und 1 Sternkarte. Nr. 11.

Astrophysik. Die Beschaffenheit der Himmelskörper von Prof. Dr. Walter F. Wislicenus. Neu bearb. v. Dr. H. Ludendorff, Potsdam. Mit 15 Abb. Nr. 91.

Astronomische Geographie von Dr. Siegm. Günther, Prof. an der Techn. Hochschule in München. Mit 52 Abbildungen. Nr. 92.

Physische Geographie von Dr. Siegm. Günther, Prof. an der Königl. Techn. Hochschule in München. Mit 32 Abbildungen. Nr. 26.

Physische Meereskunde von Prof. Dr. Gerhard Schott, Abteilungsvorsteher an der Deutschen Seewarte in Hamburg. Mit 28 Abbildungen im Text und 8 Tafeln. Nr. 112.

Klimakunde I: Allgemeine Klimalehre von Prof. Dr. W. Köppen, Meteorologe der Seewarte Hamburg. Mit 7 Taf. u. 2 Fig. Nr. 114.

☛ Weitere Bände sind in Vorbereitung.

Bibliothek zur Physik.

Geschichte der Physik von A. Kistner, Professor an der Großh. Realschule zu Sinsheim a. E. I: Die Physik bis Newton. Mit 13 Fig. Nr. 293.

— II: Die Physik von Newton bis zur Gegenwart. Mit 13 Figuren. Nr. 294.

Theoretische Physik von Dr. Gustav Jäger, Prof. an der Technischen Hochschule in Wien. I: Mechanik und Akustik. Mit 19 Abbildungen. Nr. 76.

— II: Licht und Wärme. Mit 47 Abbildungen. Nr. 77.

— III: Elektrizität und Magnetismus. Mit 33 Abbildungen. Nr. 78.

— IV: Elektromagnetische Lichttheorie und Elektronik. Mit 21 Figuren. Nr. 374.

Radioaktivität von Wilh. Frommel. Mit 18 Figuren. Nr. 317.

Physikalische Messungsmethoden von Dr. Wilhelm Bahrdt, Oberlehrer an der Oberrealschule in Groß-Lichterfelde. Mit 49 Figuren. Nr. 301.

Stöchiometrische Aufgabensammlung von Dr. Wilhelm Bahrdt, Oberlehrer an der Oberrealschule in Groß-Lichterfelde. Mit den Resultaten. Nr. 452.

Physikalisch-Chemische Rechenaufgaben von Prof. Dr. R. Abegg und Privatdozent Dr. O. Sackur, beide an der Universität Breslau. Nr. 445.

☞ Siehe auch „Technologie". Weitere Bände sind in Vorbereitung.

Bibliothek zur Technologie.

Chemische Technologie.

Allgemeine chemische Technologie v. Dr. Gust. Rauter in Charlottenburg. Nr. 113.

Die Fette und Öle sowie die **Seifen- und Kerzenfabrikation** und die **Harze, Lacke, Firnisse** mit ihren wichtigsten Hilfsstoffen von Dr. Karl Braun. I: Einführung i. d. Chemie, Besprechung einig. Salze u. d. Fette u. Öle. Nr. 335.
— II: Die Seifenfabrikation, die Seifenanalyse und die Kerzenfabrikation. Mit 25 Abbildungen. Nr. 336.
— III: Harze, Lacke, Firnisse. Nr. 337.

Ätherische Öle und Riechstoffe von Dr. F. Rochussen in Miltitz. Mit 9 Abbildungen. Nr. 446.

Die Explosivstoffe. Einführung in die Chemie der explosiven Vorgänge von Dr. H. Brunswig in Neubabelsberg. Mit 16 Abbildungen. Nr. 333.

Brauereiwesen I: Mälzerei von Dr. Paul Dreverhoff, Direktor der Brauer- und Mälzerschule in Grimma. Mit 16 Abbildungen. Nr. 303.

Das Wasser und seine Verwendung in Industrie und Gewerbe von Dipl.-Ing. Dr. Ernst Leher. Mit 15 Abbildungen. Nr. 261.

Wasser und Abwässer. Ihre Zusammensetzung, Beurteilung und Untersuchung von Prof. Dr. Emil Haselhoff, Vorsteher der landwirtschaftlichen Versuchsstation in Marburg in Hessen. Nr. 473.

Anorganische chemische Industrie von Dr. Gust. Rauter in Charlottenburg. I: Die Leblancsodaindustrie und ihre Nebenzweige. Mit 12 Tafeln. Nr. 205.
— II: Salinenwesen, Kalisalze, Düngerindustrie und Verwandtes. Mit 6 Tafeln. Nr. 206.
— III: Anorganische Chemische Präparate. Mit 6 Tafeln. Nr. 207.

Metallurgie von Dr. Aug. Geitz in München. 2 Bde. Mit 21 Fig. Nr. 313, 314.

Die Industrie der Silikate, der künstlichen Bausteine und des Mörtels von Dr. Gustav Rauter. I: Glas- und keramische Industrie. Mit 12 Taf. Nr. 233.
— II: Die Industrie der künstlichen Bausteine und des Mörtels. Mit 12 Taf. Nr. 234.

Die Teerfarbstoffe mit besonderer Berücksichtigung der synthetischen Methoden von Dr. Hans Bucherer, Prof. a. d. Kgl. Techn. Hochschule Dresden. Nr. 214.

Mechanische Technologie.

Mechanische Technologie von Geh. Hofrat Prof. A. Lüdicke in Braunschweig. Nr. 340, 341.

Textil-Industrie I: Spinnerei und Zwirnerei von Prof. Max Gürtler, Geh. Regierungsrat im Königl. Landesgewerbeamt zu Berlin. Mit 39 Fig. Nr. 184.
— **II:** Weberei, Wirkerei, Posamentiererei, Spitzen- und Gardinenfabrikation und Filzfabrikation von Prof. Max Gürtler, Geh. Regierungsrat im Königl. Landesgewerbeamt zu Berlin. Mit 27 Figuren. Nr. 185.

Textil-Industrie III: Wäscherei, Bleicherei, Färberei und ihre Hilfsstoffe von Dr. Wilh. Massot, Lehrer an der Preuß. höh. Fachschule für Textil-Industrie in Krefeld. Mit 28 Figuren. Nr. 186.

Die Materialien des Maschinenbaues und der Elektrotechnik von Ingenieur Prof. Herm. Wilda in Bremen. Mit 3 Abbildungen. Nr. 476.

Das Holz. Aufbau, Eigenschaften und Verwendung, von Prof. Herm. Wilda in Bremen. Mit 33 Abbildungen. Nr. 459.

☞ Weitere Bände sind in Vorbereitung.

Bibliothek zu den Ingenieurwissenschaften.

Das Rechnen in der Technik u. seine Hilfsmittel (Rechenschieber, Rechentafeln, Rechenmaschinen usw.) von Ingenieur Joh. Eugen Mayer in Karlsruhe i. B. Mit 30 Abb. Nr. 405.

Materialprüfungswesen. Einführung in die moderne Technik der Materialprüfung von K. Memmler, Diplom-Ingenieur, ständ. Mitarbeiter am Kgl. Materialprüfungsamte zu Groß-Lichterfelde. I: Materialeigenschaften. — Festigkeitsversuche. — Hilfsmittel für Festigkeitsversuche. Mit 58 Figuren. Nr. 311.

— II: Metallprüfung und Prüfung von Hilfsmaterialien des Maschinenbaues. — Baumaterialprüfung. — Papierprüfung. — Schmiermittelprüfung. — Einiges über Metallographie. Mit 31 Figuren. Nr. 312.

Metallographie. Kurze, gemeinfaßliche Darstellung der Lehre von den Metallen und ihren Legierungen, unter besonderer Berücksichtigung der Metallmikroskopie von Prof. E. Heyn und Prof. O. Bauer am Kgl. Materialprüfungsamt (Groß-Lichterfelde) der Kgl. Technischen Hochschule zu Berlin. I: Allgemeiner Teil. Mit 45 Abbildungen im Text und 5 Lichtbildern auf 3 Tafeln. Nr. 432.

— II: Spezieller Teil. Mit 49 Abbildungen im Text und 37 Lichtbildern auf 19 Tafeln. Nr. 433.

Statik. I: Die Grundlehren der Statik starrer Körper von W. Hauber, Diplom-Ingenieur. Mit 82 Figuren. Nr. 178.

— II: Angewandte Statik. Mit 61 Figuren. Nr. 179.

Festigkeitslehre von W. Hauber, Diplom-Ingenieur. Mit 56 Figuren. Nr. 288.

Hydraulik v. W. Hauber, Diplom-Ingenieur in Stuttgart. Mit 44 Fig. Nr. 397.

Geometrisches Zeichnen von H. Becker, Architekt und Lehrer an der Baugewerkschule in Magdeburg, neubearbeitet von Professor J. Vonderlinn in Münster. Mit 290 Figuren und 23 Tafeln im Text. Nr. 58.

Schattenkonstruktionen von Prof. J. Vonderlinn in Münster. Mit 114 Fig. Nr. 236.

Parallelperspektive. Rechtwinklige und schiefwinklige Axonometrie von Prof. J. Vonderlinn in Münster. Mit 121 Figuren. Nr. 260.

Zentral-Perspektive von Architekt Hans Freyberger, neu bearbeitet von Prof. J. Vonderlinn, Dir. d. Kgl. Baugewerkschule, Münster i. W. Mit 132 Fig. Nr. 57.

Technisches Wörterbuch, enthaltend die wichtigsten Ausdrücke des Maschinenbaues, Schiffbaues und der Elektrotechnik von Erich Krebs in Berlin.

I. Teil: Deutsch-Englisch. Nr. 395.

— II. Teil: Englisch-Deutsch. Nr. 396.

— III. Teil: Deutsch-Französisch. Nr. 453.

Elektrotechnik. Einführung in die moderne Gleich- und Wechselstromtechnik von J. Herrmann, Professor an der Königlich Technischen Hochschule Stuttgart. I: Die physikalischen Grundlagen. Mit 42 Fig. u. 10 Tafeln. Nr. 196.

— II: Die Gleichstromtechnik. Mit 103 Figuren und 16 Tafeln. Nr. 197.

Elektrotechnik. III: Die Wechselstromtechnik. Mit 126 Fig. u. 16 Taf. Nr. 198.

Die Gleichstrommaschine von C. Kinzbrunner, Ingenieur u. Dozent für Elektrotechnik a. d. Municipal School of Technology in Manchester. Mit 78 Fig. Nr. 257.

Ströme und Spannungen in Starkstromnetzen von Diplom-Elektroingenieur Josef Herzog in Budapest u. Prof. Feldmann in Delft. Mit 68 Fig. Nr. 456.

Das Fernsprechwesen v. Dr. Ludw. Rellstab in Berlin. Mit 47 Fig. u. 1 Taf. Nr. 155.

Die elektrische Telegraphie von Dr. Ludwig Rellstab. Mit 19 Figuren. Nr. 172.

Maurer- u. Steinhauerarbeiten von Prof. Dr. phil. u. Dr.-Ing. Eduard Schmitt in Darmstadt. 3 Bändchen. Mit vielen Abbildungen. Nr. 419—421.

Eisenkonstruktionen im Hochbau. Kurzgefaßtes Handbuch mit Beispielen von Ingenieur Karl Schindler in Meißen. Mit 115 Figuren. Nr. 322.

Vermessungskunde von Dipl.-Ing. Oberlehrer P. Werkmeister. 2 Bändchen. Mit 255 Abbildungen. Nr. 468, 469.

Der Eisenbetonbau von Reg.-Baumeister **Karl Rößle** in Berlin-Steglitz. Mit 77 Abbildungen. Nr. 349.

Heizung und Lüftung von Ingenieur **Johannes Körting**, Direktor der Akt.-Ges. Gebrüder Körting in Düsseldorf. I: Das Wesen und die Berechnung der Heizungs- und Lüftungsanlagen. Mit 34 Figuren. Nr. 342.

— II: Die Ausführung der Heizungs- und Lüftungsanlagen. Mit 191 Fig. Nr. 343.

Gas- und Wasserinstallationen mit Einschluß der Abortanlagen von Professor Dr. phil. u. Dr.-Ing. Eduard Schmitt in Darmstadt. Mit 119 Abbild. Nr. 412.

Das Veranschlagen im Hochbau. Kurzgefaßtes Handbuch über das Wesen des Kostenanschlages von Emil Beutinger, Architekt B.D.A., Assistent an der Technischen Hochschule in Darmstadt. Mit vielen Figuren. Nr. 385.

Bauführung. Kurzgefaßtes Handbuch über das Wesen der Bauführung von Architekt Emil Beutinger, Assistent an der Technischen Hochschule in Darmstadt. Mit 25 Figuren und 11 Tabellen. Nr. 399.

Die Baukunst des Schulhauses von Prof. Dr.-Ing. Ernst Vetterlein in Darmstadt. I: Das Schulhaus. Mit 38 Abbildungen. Nr. 443.

— II: Die Schulräume. — Die Nebenanlagen. Mit 31 Abbildungen. Nr. 444.

Öffentliche Bade- und Schwimmanstalten von Dr. Karl Wolff, Stadt-Oberbaurat in Hannover. Mit 50 Fig. Nr. 380.

Die Maschinenelemente. Kurzgefaßtes Lehrbuch mit Beispielen für das Selbststudium und den praktischen Gebrauch von Friedrich Barth, Oberingenieur in Nürnberg. Mit 86 Figuren. Nr. 3.

Eisenhüttenkunde von A. Krauß, diplomierter Hütteningenieur. **I: Das Roheisen.** Mit 17 Figuren und 4 Tafeln. Nr. 152.

— II: Das Schmiedeisen. Mit 25 Figuren und 5 Tafeln. Nr. 153.

Technische Wärmelehre (Thermodynamik) von K. Walther und M. Röttinger, Diplom-Ingenieuren. Mit 54 Figuren. Nr. 242.

Die Dampfmaschine. Kurzgefaßtes Lehrbuch mit Beispielen für das Selbststudium u. d. prakt. Gebrauch v. Friedr. Barth, Obering., Nürnberg. Mit 48 Fig. Nr. 8.

Die Dampfkessel. Kurzgefaßtes Lehrbuch mit Beispielen für das Selbststudium u. den prakt. Gebrauch v. Friedr. Barth, Obering., Nürnberg. Mit 67 Fig. Nr. 9.

Die Gaskraftmaschinen. Kurzgefaßte Darstellung der wichtigsten Gasmaschinen-Bauarten v. Ingenieur Alfred Kirschke in Halle a. S. Mit 55 Figuren. Nr. 316.

Die Dampfturbinen, ihre Wirkungsweise und Konstruktion von Ing. Hermann Wilda, Professor am staatl. Technikum in Bremen. Mit 104 Abb. Nr. 274.

Die zweckmäßigste Betriebskraft von Friedrich Barth, Oberingenieur in Nürnberg. I: Einleitung. Dampfkraftanlagen. Verschiedene Kraftmaschinen. Mit 27 Abbildungen. Nr. 224.

— II: Gas-, Wasser- und Wind-Kraftanlagen. Mit 31 Abbildungen. Nr. 225.

— III: Elektromotoren. Betriebskostentabellen. Graphische Darstellungen. Wahl der Betriebskraft. Mit 27 Abbildungen. Nr. 474.

Die Hebezeuge, ihre Konstruktion und Berechnung von Ingenieur Hermann Wilda, Prof. am staatl. Technikum in Bremen. Mit 399 Abbildungen. Nr. 414.

Pumpen, hydraulische und pneumatische Anlagen. Ein kurzer Überblick von Regierungsbaumeister Rudolf Vogdt, Oberlehrer an der Königl. höheren Maschinenbauschule in Posen. Mit 59 Abbildungen. Nr. 290.

Die landwirtschaftlichen Maschinen von Karl Walther, Diplom-Ingenieur in Mannheim. 3 Bändchen. Mit vielen Abbildungen Nr. 407—409.

Nautik. Kurzer Abriß des täglich an Bord von Handelsschiffen angewandten Teils der Schiffahrtskunde. Von Dr. Franz Schulze, Direktor der Navigationsschule zu Lübeck. Mit 56 Abbildungen. Nr. 84.

☛ Weitere Bände sind in Vorbereitung.

Bibliothek zu den Rechts- u. Staatswissenschaften.

Allgemeine Rechtslehre von Dr. Th. Sternberg, Privatdozent an der Univers. Lausanne. I: Die Methode. Nr. 169.

— II: Das System. Nr. 170.

Recht des Bürgerlichen Gesetzbuches. Erstes Buch: Allgemeiner Teil. I: Einleitung — Lehre von den Personen und von den Sachen von Dr. Paul Oertmann, Professor an der Universität Erlangen. Nr. 447.

— II: Erwerb und Verlust, Geltendmachung und Schutz der Rechte von Dr. Paul Oertmann, Professor an der Universität Erlangen Nr. 448.

— Zweites Buch: Schuldrecht. I. Abteilung: Allgemeine Lehren von Dr. Paul Oertmann, Professor an der Universität Erlangen. Nr. 323.

— II. Abteilung: Die einzelnen Schuldverhältnisse von Dr. Paul Oertmann, Professor an der Universität Erlangen. Nr. 324.

— Viertes Buch: Familienrecht von Dr. Heinrich Titze, Professor an der Univ. Göttingen. Nr. 305.

Deutsches Zivilprozeßrecht von Professor Dr. Wilhelm Kisch in Straßburg i. E. 3 Bände. Nr. 428—430.

Deutsches Handelsrecht von Prof. Dr. Karl Lehmann in Rostock. 2 Bändchen. Nr. 457, 458.

Das deutsche Seerecht von Dr. Otto Brandis, Oberlandesgerichtsrat in Hamburg. 2 Bände. Nr. 386, 387.

Postrecht von Dr. Alfred Wolcke, Postinspektor in Bonn. Nr. 425.

Allgemeine Staatslehre von Dr. Hermann Rehm, Prof. an der Universität Straßburg i. E. Nr. 358.

Allgemeines Staatsrecht von Dr. Julius Hatschek, Prof. der Rechte an der Kgl. Akademie in Posen. 3 Bändchen. Nr. 415—417.

Preußisches Staatsrecht von Dr. Fritz Stier-Somlo, Prof. an der Univers. Bonn. 2 Teile. Nr. 298, 299.

Kirchenrecht von Dr. Emil Sehling, ord. Prof. der Rechte in Erlangen. Nr. 377.

Das **deutsche Urheberrecht** an literarischen, künstlerischen und gewerblichen Schöpfungen, mit besonderer Berücksichtigung der internationalen Verträge von Dr. Gustav Rauter, Patentanwalt in Charlottenburg. Nr. 263.

Der **internationale gewerbliche Rechtsschutz** von J. Neuberg, Kaiserl. Regierungsrat, Mitglied des Kaiserl. Patentamts zu Berlin. Nr. 271.

Das **Urheberrecht** an Werken der Literatur und der Tonkunst, das Verlagsrecht und das Urheberrecht an Werken der bildenden Künste und der Photographie von Staatsanwalt Dr. J. Schlittgen in Chemnitz. Nr. 361.

Das **Warenzeichenrecht.** Nach dem Gesetz zum Schutz der Warenbezeichnungen vom 12. Mai 1894 von J. Neuberg, Kaiserl. Regierungsrat, Mitglied des Kaiserl. Patentamtes zu Berlin. Nr. 360.

Der **unlautere Wettbewerb** von Rechtsanwalt Dr. Martin Wassermann in Hamburg. Nr. 339.

Deutsches **Kolonialrecht** von Dr. H. Edler v. Hoffmann, Professor an der Kgl. Akademie Posen. Nr. 318.

Militärstrafrecht von Dr. Max Ernst Mayer, Prof. an der Universität Straßburg i. E. 2 Bände. Nr. 371, 372.

Deutsche **Wehrverfassung** von Kriegsgerichtsrat Carl Endres i. Würzburg. Nr. 401.

Forensische Psychiatrie von Prof. Dr. W. Weygandt, Direktor der Irrenanstalt Friedrichsberg in Hamburg. 2 Bändchen. Nr. 410 u. 411.

☞ Weitere Bände sind in Vorbereitung.

Volkswirtschaftliche Bibliothek.

Volkswirtschaftslehre von Dr. Carl Johs. Fuchs, Professor an der Universität Tübingen. Nr. 133.

Volkswirtschaftspolitik von Präsident Dr. R. van der Borght in Berlin. Nr. 177.

Gewerbewesen von Dr. Werner Sombart, Professor an der Handelshochschule Berlin. 2 Bände. Nr. 203, 204.

Das Genossenschaftswesen in Deutschland. Von Dr. Otto Lindecke, Sekretär des Hauptverbandes deutscher gewerblicher Genossenschaften. Nr. 384.

Das Handelswesen von Dr. Wilh. Lexis, Professor an der Universität Göttingen. I: Das Handelspersonal und der Warenhandel. Nr. 296.

— II. Die Effektenbörse und die innere Handelspolitik. Nr. 297.

Auswärtige Handelspolitik von Dr. Heinrich Sieveking, Professor an der Universität Zürich. Nr. 245.

Das Versicherungswesen von Dr. jur. Paul Moldenhauer, Dozent der Versicherungswissenschaft an der Handelshochschule Köln. Nr. 262.

Die gewerbliche Arbeiterfrage von Dr. Werner Sombart, Professor an der Handelshochschule Berlin. Nr. 209.

Die Arbeiterversicherung von Professor Dr. Alfred Manes in Berlin. Nr. 267.

Finanzwissenschaft von Präsident Dr. R. van der Borght in Berlin. I. Allgemeiner Teil. Nr. 148.

— II. Besonderer Teil (Steuerlehre). Nr. 391.

Die Steuersysteme des Auslandes von Geh. Oberfinanzrat O. Schwarz in Berlin. Nr. 426.

Die Entwicklung der Reichsfinanzen von Präsident Dr. R. van der Borght in Berlin. Nr. 427.

Die Finanzsysteme der Großmächte. (Internat. Staats- u. Gemeindefinanzwesen.) Von O. Schwarz, Geh. Oberfinanzrat, Berlin. 2 Bdch. Nr. 450, 451.
Soziologie von Prof. Dr. Thomas Achelis in Bremen. Nr. 101.
Die Entwicklung der sozialen Frage von Prof. Dr. Ferd. Tönnies in Eutin. Nr. 353.
Armenwesen und Armenfürsorge. Einführung in die soziale Hilfsarbeit von Dr. Adolf Weber, Professor an der Handelshochschule in Köln. Nr. 346.

☛ Weitere Bände sind in Vorbereitung.

Theologische und religionswissenschaftliche Bibliothek.

Die Entstehung des Alten Testaments von Lic. Dr. W. Staerk, Professor an der Universität in Jena. Nr. 272.
Alttestamentliche Religionsgeschichte von D. Dr. Max Löhr, Professor an der Universität Breslau. Nr. 292.
Geschichte Israels bis auf die griechische Zeit von Lic. Dr. J. Benzinger. Nr. 231.
Landes- u. Volkskunde Palästinas von Lic. Dr. Gustav Hölscher in Halle. Mit 8 Vollbildern und 1 Karte. Nr. 345.
Die Entstehung d. Neuen Testaments v. Prf. Lic. Dr. Carl Clemen in Bonn. Nr. 285.
Die Entwicklung der christlichen Religion innerhalb des Neuen Testaments von Prof. Lic. Dr. Carl Clemen in Bonn. Nr. 388.
Neutestamentliche Zeitgeschichte von Lic. Dr. W. Staerk, Professor an der Universität in Jena. I: Der historische u. kulturgeschichtliche Hintergrund des Urchristentums. Nr. 325.
— II: Die Religion des Judentums im Zeitalter des Hellenismus und der Römerherrschaft. Nr. 326.
Die Entstehung des Talmuds von Dr. S. Funk in Boskowitz. Nr. 479.
Abriß der vergleichenden Religionswissenschaft von Prof. Dr. Th. Achelis in Bremen. Nr. 208.
Die Religionen der Naturvölker im Umriß von Dr. Th. Achelis, weiland Professor in Bremen. Nr. 449.
Indische Religionsgeschichte von Prof. Dr. Edmund Hardy. Nr. 83.
Buddha von Professor Dr. Edmund Hardy. Nr. 174.
Griechische und römische Mythologie von Dr. Hermann Steuding, Rektor des Gymnasiums in Schneeberg. Nr. 27.
Germanische Mythologie von Dr. E. Mogk, Prof. an der Univ. Leipzig. Nr. 15.
Die deutsche Heldensage von Dr. Otto Luitpold Jiriczek, Professor an der Universität Münster. Nr. 32.

☛ Weitere Bände sind in Vorbereitung.

Pädagogische Bibliothek.

Pädagogik im Grundriß von Professor Dr. W. Rein, Direktor des Pädagogischen Seminars an der Universität in Jena. Nr. 12.
Geschichte der Pädagogik von Oberlehrer Dr. H. Weimer in Wiesbaden. Nr. 145.
Schulpraxis. Methodik der Volksschule von Dr. R. Seyfert, Seminardirektor in Zschopau. Nr. 50.
Zeichenschule von Professor K. Kimmich in Ulm. Mit 18 Tafeln in Ton-, Farben- u. Golddruck u. 200 Voll- u. Textbildern. Nr. 39.

Bewegungsspiele von Dr. E. Kohlrausch, Prof. am Kgl. Kaiser Wilhelms-Gymnasium zu Hannover. Mit 14 Abbildungen. Nr. 96.

Das öffentliche Unterrichtswesen Deutschlands in der Gegenwart von Dr. Paul Stötzner, Gymnasialoberlehrer in Zwickau. Nr. 130.

Geschichte des deutschen Unterrichtswesens von Professor Dr. Friedrich Seiler, Direktor des Königlichen Gymnasiums zu Luckau. I: Von Anfang an bis zum Ende des 18. Jahrhunderts. Nr. 275.

— II: Vom Beginn des 19. Jahrhunderts bis auf die Gegenwart. Nr. 276.

Das deutsche Fortbildungsschulwesen nach seiner geschichtlichen Entwicklung und in seiner gegenwärtigen Gestalt von H. Sierds, Direktor der städt. Fortbildungsschulen in Heide i. Holstein. Nr. 392.

Die deutsche Schule im Auslande von Hans Amrhein, Direktor der deutschen Schule in Lüttich. Nr. 259.

☛ Weitere Bände sind in Vorbereitung.

Bibliothek zur Kunst.

Stilkunde von Prof. Karl Otto Hartmann in Stuttgart. Mit 7 Vollbildern und 195 Textillustrationen. Nr. 80.

Die Baukunst des Abendlandes von Dr. K. Schäfer, Assistent am Gewerbemuseum in Bremen. Mit 22 Abbildungen. Nr. 74.

Die Plastik des Abendlandes von Dr. Hans Stegmann, Direktor des Bayr. Nationalmuseums in München. Mit 23 Tafeln. Nr. 116.

Die Plastik seit Beginn des 19. Jahrhunderts von A. Heilmeyer in München. Mit 41 Vollbildern auf amerikanischem Kunstdruckpapier. Nr. 321.

Die graphischen Künste v. Carl Kampmann, k. k. Lehrer an der k. k. Graphischen Lehr- u. Versuchsanstalt in Wien. Mit zahlreichen Abbild. u. Beilagen. Nr. 75.

Die Photographie von H. Keßler, Prof. an der k. k. Graphischen Lehr- und Versuchsanstalt in Wien. Mit 4 Tafeln und 52 Abbildungen. Nr. 94.

☛ Weitere Bände sind in Vorbereitung.

Bibliothek zur Musik.

Allgemeine Musiklehre von Stephan Krehl in Leipzig. Nr. 220.

Musikalische Akustik von Dr. Karl L. Schäfer, Dozent an der Universität Berlin. Mit 35 Abbildungen. Nr. 21.

Harmonielehre von A. Halm. Mit vielen Notenbeilagen. Nr. 120.

Musikalische Formenlehre (Kompositionslehre) von Stephan Krehl. I. II. Mit vielen Notenbeispielen. Nr. 149, 150.

Kontrapunkt. Die Lehre von der selbständigen Stimmführung von Stephan Krehl in Leipzig. Nr. 390.

Fuge. Erläuterung und Anleitung zur Komposition derselben von Stephan Krehl in Leipzig. Nr. 418.

Instrumentenlehre von Musikdirektor Franz Mayerhoff in Chemnitz. I: Text. II: Notenbeispiele. Nr. 437, 438.

Musikästhetik von Dr. K. Grunsky in Stuttgart. Nr. 344.

Geschichte der alten und mittelalterlichen Musik von Dr. A. Möhler. Mit zahlreichen Abbildungen und Musikbeilagen. I. II. Nr. 121, 347.

Musikgeschichte des 17. u. 18. Jahrhunderts v. Dr. K. Grunsky i. Stuttgart. Nr. 239.
— des 19. Jahrhunderts von Dr. K. Grunsky in Stuttgart. I. II. Nr. 164, 165.

☛ Weitere Bände sind in Vorbereitung.

Bibliothek zur Land- und Forstwirtschaft.

Bodenkunde von Dr. P. Vageler in Königsberg i. Pr. Nr. 455.
Ackerbau- und Pflanzenbaulehre von Dr. Paul Rippert in Berlin und Ernst Langenbeck in Bochum. Nr. 232.
Landwirtschaftliche Betriebslehre von Ernst Langenbeck in Bochum. Nr. 227.
Allgemeine und spezielle Tierzuchtlehre von Dr. Paul Rippert in Berlin. Nr. 228.
Agrikulturchemie I: Pflanzenernährung von Dr. Karl Grauer. Nr. 329.
Das agrikulturchemische Kontrollwesen v. Dr. Paul Krische in Göttingen. Nr. 304.
Fischerei und Fischzucht von Dr. Karl Eckstein, Prof. an der Forstakademie Eberswalde, Abteilungsdirigent bei der Hauptstation des forstlichen Versuchswesens. Nr. 159.
Forstwissenschaft von Dr. Ad. Schwappach, Prof. an der Forstakadem. Eberswalde, Abteilungsdirigent bei der Hauptstation d. forstlichen Versuchswesens. Nr. 106.
Die Nadelhölzer von Prof. Dr. F. W. Neger in Tharandt. Mit 85 Abbildungen, 5 Tabellen und 3 Karten. Nr. 355.

☛ Weitere Bände sind in Vorbereitung.

Handelswissenschaftliche Bibliothek.

Buchführung in einfachen und doppelten Posten von Prof. Robert Stern, Oberlehrer der Öffentlichen Handelslehranstalt und Dozent der Handelshochschule zu Leipzig. Mit Formularen. Nr. 115.
Deutsche Handelskorrespondenz von Prof. Th. de Beaux, Officier de l'Instruction Publique, Oberlehrer a. D. an der Öffentlichen Handelslehranstalt und Lektor an der Handelshochschule zu Leipzig. Nr. 182.
Französische Handelskorrespondenz von Professor Th. de Beaux, Officier de l'Instruction Publique, Oberlehrer a. D. an der Öffentlichen Handelslehranstalt und Lektor an der Handelshochschule zu Leipzig. Nr. 183.
Englische Handelskorrespondenz von E. E. Whitfield, M.-A., Oberlehrer am King Edward VII Grammar School in Kings Lynn. Nr. 237.
Italienische Handelskorrespondenz von Professor Alberto de Beaux, Oberlehrer am Königlichen Institut SS. Annunziata zu Florenz. Nr. 219.
Spanische Handelskorrespondenz v. Dr. Alfredo Nadal de Mariezcurrena. Nr. 295.
Russische Handelskorrespondenz von Dr. Th. v. Kawraysky in Leipzig. Nr. 315.
Kaufmännisches Rechnen von Prof. Richard Just, Oberlehrer an d. Öffentlichen Handelslehranstalt der Dresdener Kaufmannschaft. 3 Bde. Nr. 139, 140, 187.
Warenkunde von Dr. Karl Hassack, Professor an der Wiener Handelsakademie. I: Unorganische Waren. Mit 40 Abbildungen. Nr. 222.
— II: Organische Waren. Mit 36 Abbildungen. Nr. 223.
Drogenkunde von Rich. Dorstewitz in Leipzig und Georg Ottersbach in Hamburg. Nr. 413.

Maß-, Münz- und Gewichtswesen von Dr. Aug. Blind, Professor an der Handelsschule in Köln. Nr. 283.

Das Wechselwesen von Rechtsanwalt Dr. Rudolf Mothes in Leipzig. Nr. 103.

☛ Weitere Bände sind in Vorbereitung. Siehe auch „Volkswirtschaftliche Bibliothek". Ein ausführliches Verzeichnis der außerdem im Verlage der G. J. Göschen'schen Verlagshandlung erschienenen handelswissenschaftlichen Werke kann durch jede Buchhandlung kostenfrei bezogen werden.

Militär- und marinewissenschaftliche Bibliothek.

Das moderne Feldgeschütz. I: Die Entwicklung des Feldgeschützes seit Einführung des gezogenen Infanteriegewehrs bis einschließlich der Erfindung des rauchlosen Pulvers, etwa 1850—1890. v. Oberstleutnant W. Heydenreich, Militärlehrer an der Militärtechn. Akademie in Berlin. Mit 1 Abbild. Nr. 306.

— II: Die Entwicklung des heutigen Feldgeschützes auf Grund der Erfindung des rauchlosen Pulvers, etwa 1890 bis zur Gegenwart, von Oberstleutnant W. Heydenreich, Militärlehrer an der Militärtechn. Akademie in Berlin. Mit 11 Abbildungen. Nr. 307.

Die modernen Geschütze der Fußartillerie. I: Vom Auftreten der gezogenen Geschütze bis zur Verwendung des rauchschwachen Pulvers 1850—1890 von Mummenhoff, Major beim Stabe des Fußartillerie-Regiments, Generalfeldzeugmeister (Brandenburgisches Nr. 3). Mit 50 Textbildern. Nr. 334.

— II: Die Entwicklung der heutigen Geschütze der Fußartillerie seit Einführung des rauchschwachen Pulvers 1890 bis zur Gegenwart. Mit 33 Textbildern. Nr. 362.

Die Entwicklung der Handfeuerwaffen seit der Mitte des 19. Jahrhunderts und ihr heutiger Stand von G. Wrzodek, Oberleutnant im Inf.-Regt. Freiherr Hiller von Gärtringen (4. Posensches) Nr. 59 und Assistent der Königl. Gewehrprüfungskommission. Mit 21 Abbildungen. Nr. 366.

Die Entwicklung des Kriegsschiffbaues vom Altertum bis zur Neuzeit. I. Teil: Das Zeitalter der Ruderschiffe und der Segelschiffe für die Kriegsführung zur See vom Altertum bis 1840. Von Tjard Schwarz, Geh. Marinebaurat u. Schiffbau-Direktor. Mit 32 Abbildungen. Nr. 471.

Militärstrafrecht von Dr. Max Ernst Mayer, Prof. an der Universität Straßburg i. E. 2 Bände. Nr. 371, 372.

Deutsche Wehrverfassung von Karl Endres, Kriegsgerichtsrat bei dem Generalkommando des Kgl. bayr. II. Armeekorps in Würzburg. Nr. 401.

Die Seemacht in der deutschen Geschichte von Wirkl. Admiralitätsrat Dr. Ernst von Halle, Prof. an der Universität Berlin. Nr. 370.

Verschiedenes.

Bibliotheks- und Zeitungswesen.

Volksbibliotheken (Bücher- und Lesehallen), ihre Einrichtung und Verwaltung von Emil Jaeschke, Stadtbibliothekar in Elberfeld. Nr. 332.

Das deutsche Zeitungswesen v. Dr. Robert Brunhuber in Köln a. Rh. Nr. 400.

Das moderne Zeitungswesen (System der Zeitungslehre) von Dr. Robert Brunhuber in Köln a. Rh. Nr. 320.

Allgemeine Geschichte des Zeitungswesens von Dr. Ludwig Salomon in Jena. Nr. 351.

Hygiene, Medizin und Pharmazie.

Ernährung und Nahrungsmittel von Oberstabsarzt Prof. Dr. Bischoff in Berlin. Mit 4 Figuren. Nr. 464.

Bewegungsspiele von Dr. E. Kohlrausch, Prof. am Kgl. Kaiser Wilhelms-Gymnasium zu Hannover. Mit 15 Abbildungen. Nr. 96.

Der menschliche Körper, sein Bau und seine Tätigkeiten, von E. Rebmann, Oberschulrat in Karlsruhe. Mit Gesundheitslehre von Dr. med. H. Seiler. Mit 47 Abbildungen und 1 Tafel. Nr. 18.

Die Infektionskrankheiten und ihre Verhütung von Stabsarzt Dr. W. Hoffmann in Berlin. Mit 12 vom Verfasser gezeichneten Abbildungen und einer Fiebertafel. Nr. 327.

Tropenhygiene von Med.-Rat Prof. Dr. Nocht, Direktor des Institutes für Schiffs- u. Tropenkrankheiten in Hamburg. Nr. 369.

Die Hygiene des Städtebaus von H. Chr. Nußbaum, Prof. an der Techn. Hochschule in Hannover. Mit 30 Abbildungen. Nr. 348.

Die Hygiene des Wohnungswesens von H. Chr. Nußbaum, Prof. an der Techn. Hochschule in Hannover. Mit 20 Abbildungen. Nr. 363.

Gewerbehygiene von Geh. Medizinalrat Dr. Roth in Potsdam. Nr. 350.

Pharmakognosie. Von Apotheker F. Schmitthenner, Assistent am Botan. Institut der Technischen Hochschule Karlsruhe. Nr. 251.

Drogenkunde von Rich. Dorstewitz in Leipzig u. Georg Ottersbach in Hamburg. Nr. 413.

Photographie.

Die Photographie. Von H. Keßler, Prof. an der k. k. Graphischen Lehr- und Versuchsanstalt in Wien. Mit 4 Taf. und 52 Abbild. Nr. 94.

Stenographie.

Stenographie nach dem System von F. X. Gabelsberger von Dr. Albert Schramm, Landesamtsassessor in Dresden. Nr. 246.

Die Redeschrift des Gabelsbergerschen Systems von Dr. Albert Schramm, Landesamtsassessor in Dresden. Nr. 368.

Lehrbuch der Vereinfachten Deutschen Stenographie (Einig.-System Stolze-Schrey) nebst Schlüssel, Lesestücken und einem Anhang von Dr. Amsel, Studienrat des Kadettenkorps in Bensberg. Nr. 86.

☛ Weitere Bände dieser einzelnen Abteilungen sind in Vorbereitung.

Printed in Dunstable, United Kingdom

91219476R00117